手づくりビール読本

初心者から
本格派・
ガーデニング派
まで

Akeo KASAKURA
笠倉暁夫

農文協

はしがき

自分でビールをつくることの面白さとは、あの発泡するお酒を自分でつくることができることへの感動が、第一歩である。もちろん、それだけではない。自分だけのオリジナルビールをつくることができること、思いのほか美味しいこと、また、そこに自分で栽培した新鮮なホップを加えれば、メーカー品ではあり得ない、採れたての新鮮な味と香りを楽しめること、などなどである。

ビールづくりは、とりわけ、上面発酵酵母（エール酵母）を用いて発酵させた場合、つくりはじめてから、２週間足らずで美味しく飲めるようになる。これは、他の酒づくり、例えば、どぶろくやワインづくりなどと比べて、発酵や貯酒にかかる期間が圧倒的に短く、自分でつくったものの良しあしがすぐにわかる。もし仮に、醸造に失敗したとしても、すぐ次に改良してトライできるのも、他の酒づくりにはないビールづくりならではの大きな魅力であろう。

ビールづくりは、クラフトビールにしても、大手のビール製造にしても、ワインづくりや日本酒づくりと比べると多分に工業的である。そのためなのか、どぶろくづくりなどに比べると、自家醸造の愛好者は少なく、またそれゆえに、わが国では、家庭でのビールづくりを本格的に記した本は、ほとんど存在してこなかった。

一方、昨今のクラフトビールの人気もあり、さまざまなスタイルのビールが知られるようにもなり、自分でビールをつくってみようと思う方も着実に増えていると思われる。事実、ビールを醸造するためのキットや、モルトエクストラと呼ばれる糖化された麦芽の濃縮缶などが、ネットショップでは、しきりと売られている。

そこで、本書では、ビールづくりに初めて取り組もうという方から、すでにビールキットを使ってつくっておられる方まで、麦汁づくりからのビールづくりの方法と魅力を紹介することを目的とし、わが国最初の本格的なホームブルー（家庭でのビール醸造）の実用書を目指した。

また、ホップ、およびビールに使うことができるハーブの家庭での栽培方法、それらのビールへの適用も解説している。さらに、ホップのグリーンカーテンのつくり方なども記しており、ホップをガーデニングとして楽しむ方の参考にもなると考えている。

また、本書に記したホームブルーの各過程は、大手でのビールづくりでも、本質的にはまったく同じである。ビールとはそもそも、どのような飲みものなのか、どのような歴史的な背景を持っているのかなども、簡単に紹介しているので、ビールを深く知ろうとしている方にも、読んで頂ける本であると思っている。

酒類とは、みそや醤油と同じ発酵食品である。発酵食品の大半は、もともとは各家庭でつくられてきたものと、近代以降、家庭以外で工業的に生産されてきたものとがあるのが普通である。家庭でつくるものと工業でつくるものが発酵食品の両輪となり、独自の文化が形成されるのが普通なのである。アメリカでは、この両輪が上手く作用しつつ、新たなビール文化が形成されている。

わが国でも今後そういったビール文化が醸成されることを期しつつ、本書を執筆した次第である。

笠倉　暁夫

目次

目次

目次

1章

窓の外にホップのある生活

1 ホップを摘んで手づくり麦汁でビールをつくる

自分の思い描く味のビールができる

麦汁をキッチンのコンロで煮はじめると甘い香りが家中に漂う。そこに摘みたてのホップを加えると、甘い香りに爽快な香りが少し加わる。これは、まるで煮込み料理をつくるのと似ているが、ほかの酒づくりにはないビールづくり特有の煮沸工程である。どんな大手ビールメーカーでも、小規模なクラフトビール醸造所でも、さらにはこれから紹介するホームブルー、つまり自家製ビールづくりでも、まったく同様の工程があって同じ香りが漂う。

ところで煮込み料理といえば、カレーやシチューを思い出すが、レトルトのカレーや缶詰のシチューを自宅で食べたことは少なからずあるのでは。しかし、どんな三ツ星レストランの缶詰であっても、手製のカレーやシチューのほうがずっと美味しいと思うのではないだろうか。もちろん、レトルトカレーにも利点は多々ある。まあ、そこそこに保証された味と品質、そして何より暖めるだけでできる即席性。でも、料理としての満足感は、自宅ではじめからつくり、自分の好きな具材だけで、ことこと煮たカレーにはかなわないもの。まして、そのカレーの具材として収穫したての野菜を加えて煮込んだら、美味しさも満足感も何倍も増すはずだ。

ホームブルーの場合も、カレーづくりと同じことが言える。レトルトカレーのように、味を決める要素がすべて用意されている、いわゆるビールキットといわれる缶を購入して家庭でビールをつくる方法がある。これは一度煮沸して酵母を加えればビールができるという代物。いや、レトルトカレーほどには単純ではないし、まして自宅で発酵の妙味も楽しめはする。でも、そこには自分のつくり出した味はない。

そこで別の選択肢として、甘い麦汁を濃縮させたモルトエクストラクトを購入してビールをつくる方法がある。この方法では、自分でホップやその他の材料を添加するため、確かに味の自由度は増える。ただ基本となる麦汁を変えることはできない。カレーづくりにたとえるなら、旨味の元を出来合いのルーに頼り、香りづけに月桂樹の葉やブーケガルニを一緒に煮込む程度のことであろうか。

自分の思い描く味のビールを自宅でつくるには、やはり麦芽から麦汁をつくることからはじめることになる。甘くない麦芽を温水に浸して糖化させることにより甘い麦汁ができるのだが、この作業は、温度さえ管理していれば麦芽が自然に糖化していくので、カレーのルーをつくるよりはるかに簡単な作業である。甘くない穀物が褐色の甘い液体に変わるのは、実に不思議で感動的でもある。

せっかくホームブルーでビールをつくるなら、ぜひとも麦芽からのビールづくりをお勧めする。多少手間がかかっても、世界で唯一かつ世界で一番の自分好みにできるほうが、楽しくかつ美味しいのだから。

新鮮なホップを入手する唯一の方法

カレーでは月桂樹の葉、タイム、パセリなどのハーブを束ねてブーケガルニとして用いるが、新鮮であるほど香りが強い。だとすると、できるだけ新鮮、できれば摘みたてのものを使いたい。自宅の庭に月桂樹があれば、通年その葉を摘んで、あるいは庭はなくてもプランターで育てたタイム、パセリを、収穫期であれば、摘んですぐに使うことができる。

実はホップも、これらのハーブと同じで、摘みたてほど香りが強い。やはりできるだけ新鮮なホップを使ったビールが飲みたい。ところが、一般にホップの生産地とビールの生産地は地理的に離れているため、商業生産されるビールに使われるホップは新鮮ではない。保存や輸送をするため、収穫されたホップは乾燥され、破砕あるいは圧縮されてペレット化（圧縮成型して固めること）される。多くのホームブルーワーが手にするホップは、輸入品のペレットで、収穫時期すらわからない。

新鮮なホップを手に入れる方法は、一つしかない。自宅でホップを栽培することである。自宅にホップがあれば、通年とはいかないが、収穫期には、フレッシュなホップでビールをつくることができる。もしかしたら、大手やクラフトビールメーカーをも凌ぐビールを、自宅でつくることができるかもしれない。

ホップは、基本的にはプランターでも栽培可能なうえ、農薬も不要という、驚くべき成長力のある植物で、さらにありがたいことに、多年草のため、冬には地上部が枯れるが、毎年、春には芽吹き、瞬く間に８ｍを超すまで成長するので、夏にはグリーンカーテンにすることができる。また、食べることもできるなど、ビール以外にもさまざまな使い道がある植物である。ホームブルーをするのであれば、ホップ栽培に取り組んでみよう。

2 ビールを家庭でつくる楽しみ

1 家庭でつくるビール（ホームブルー）とは

●自分だけのオンリーワンビール●

居酒屋で飲んでいるビール、あるいはコンビニなどの店先で買った缶ビール。そんなビールを自分でつくることができたらどうだろう？

たいていの加工食品は、ブラックボックス化した工場でつくられ、それを店で購入して消費するのが当たり前である。パンでも、うどんでも、そばでもそうだ。しかし、これら加工食品を自宅でつくる人は、結構大勢いるのではないだろうか？　なぜだろう？　自分でつくったものは、たとえそれが失敗品でも、購入したものより満足感が大きいからではないだろうか。

また、市販品よりも美味しいものを目指したり、あるいは、市販品にはない自分だけのオンリーワンをアイデア次第で目指すことが可能だからではないだろうか。このような楽しみこそが、家庭でつくること（ホームメイド）の最大のメリットであろう。

ただし、そもそもビールとは何かを知らないと、ビールをつくることはできない。そこで以下に、ビールの基礎知識を書いてみた。

ビールとは何か

ではビールとは何であろう。大麦やホップが原料で、発泡性があって、アルコール度が6％以下程度。いや、近頃では小麦のビールなどもあるし、世の中にはアルコール度が40度を超える発泡しないビールもある。実は、ビールの定義は曖昧で国や時代によっても異なる。でも本書では、酒のつくり方からの定義を採用したい。

その場合ビールとは、「単行複発酵の醸造酒」となる。複発酵とは麦などの原料中のデンプンを分解し糖化する過程と、この糖がアルコールに発酵する過程の二つを意味する。例えばブドウのように、もし原料にはじめから糖が含まれているなら糖化の過程は不要なので、この場合は複発酵ではなく単発酵となる。これでワインとは区別される。

一方、日本酒はビールと同様、米（デンプン）からの糖化過程が存在する複発酵である。同じ複発酵でも、ビールと日本酒に違いはあるのだろうか？　それは二つの過程が、順番に逐次行なわれる単行であるか、同時に行なわれる並行であるかで分かれる。ビールの場合は、二つの過程、つまりデンプンの糖化とアルコール発酵が順番に逐次行なわれ、日本酒ではそれが同時並行であるという差で区別される。

ウイスキーや焼酎との区別は簡単で、ウイスキーや焼酎とは異なり、ビールには蒸留過程が存在しない。

以上、「単行複発酵の醸造酒」が定義である。とすると、ビールって随分広範な定義の酒類で、いささか特徴が不明瞭だと思われるかもしれない。

そこで本書では、ホームブルーでつくるビールの場合、やはり麦汁煮沸過程にこそビールならではの特徴があるとしたい。麦汁煮沸という酒つくりの過程で、味や香りを調整するために、ホップあるいはハーブ（香草）を加えることは、他の酒類にはない。ここで用いるホップやハーブを家庭菜園で自作することで、オンリーワンビールをつくることができるのである。

さて、ここまで断片的にビールの製造過程に触れたが、さらに製造の手順（図1―1参照）を整理しておこう。なお、詳細は3章で触れる（71ページ参照）。

①製麦…大麦を発芽させることで麦芽（モルト）をつくる。この発芽の目的は、デンプンやタンパク質を分解する「酵素」を麦芽内に生成することである。

②麦汁づくり…粗く粉砕した麦芽を湯に浸漬し、①でできた「酵素」でデンプンを分解し糖化する。また、タンパク質を分解しアミノ酸化する。ここでできた甘い液体を、麦汁あるいはウォートと称する。

③煮沸…麦汁を煮沸してホップなどを添加する。

④発酵…冷却した③の麦汁に「酵母」を添加し発酵させる。

⑤貯酒…瓶詰する。瓶内発酵により炭酸ガスがビール内に溶け込む。さらに、若ビール（できたてのビール）を熟成して完成に至る。

ビール醸造所と比べて装置上の制約のあるホームブルーでも、いくつかの工程で若干の差があるものの、上記の手順は本質的にまったく同じである。ただ、大きな差異が、各番号を振った過程の間にある。②から③に至る間に、ビール醸造所では、麦芽の籾殻などの固形物を取り除くロータリングといわれる工程があるが、ホームブルーでは、籾殻除去に工夫が必要となる。

また③と④の間で、醸造所では、添加したホップや煮沸で生じた固形物を取り除くために、ワールプールと称する遠心分離装置を用いるが、ホームブルーでは、そのようなことはできない。

さらに④と⑤の間でも、醸造所では、珪藻土などを用いたろ過装置で酵母を除去する。ただし、無ろ過、無殺菌で生きた酵母入りを売り物にしているビールもある。もちろん、自家製ビールでは酵母入りを売り物にする。そのメリットは3章で述べよう（94ページ参照）。

ビール醸造所とホームブルーとの以上のような差は、すべて固形物をどう除去（フィルタリング）するかにかかわっている。それではなぜビールづくりでは、ここまでこだわってフィルタリングを行なう必要があるのか。そして、ホームブルーでは、それをどう処理すればよいのかなど、種々の疑問が湧いてくる。

その問いに対する答えの一つは、ビールに清透性を求めた結果であるということだ。ただし、もちろん例

図1−1　ビールの製造過程

外はある。小麦からつくられたビールは多少濁っているし、スタウトタイプのビールのように黒ければ、濁りも気にならない。それでも清透性を求める点に、ビールの歴史的な背景がある。

ホームブルーの手法と背景

3章で詳述するホームブルーの手法を、どぶろくづくりやワインづくりに比べて、多少面倒だと感じる方がいるかもしれない。もちろん、インスタント食品のように手間いらずというわけにはいかないが、キッチンで料理を楽しむ程度の手間を目指して本書を書いたつもりである。

ただ、その手間の根底には、醸造所が求める品質と同等のビールを、自宅のキッチンという限られた設備の範囲内でいかに実現するかというねらいがある。つまり香り（アロマ）や風味（フレーバー）、発泡性はもとより清透性を含めて、商業ビールに近づけようとするがゆえの手間といえる。そして、そのビールづくりの手間は、そもそもビールづくりの発展の歴史に根差している。歴史的にビールづくりが求めてきたことを多少なりとも知れば、ビールづくりで「ひと手間」をかけることの理由がわかり、その手間も楽しいものとなるので、ここでビールづくりの歴史的背景を手短に紹介しておこう。

清透性を求める歴史的背景

まず、前節で触れた清透性を追求することの歴史的背景を見てみよう。そもそもビールの起源は、水に浸したパンが自然に発酵してできたことにあるといわれている。紀元前３０００年頃、メソポタミアのシュメール人はモニュマンブルーという粘土板に、ちゃんとビールの製法を記している。このビールはシカルと呼ばれるが、ストローで不純物を避けながら飲んでいた。このとき以来、人類は不純物のないビールを追求しはじめたものの、ビールの酒器（グラス）が長い間、不透明な素材であったがために、ビールの清透性はさほど求められなかった。

しかし、透明なボヘミアガラスのグラスが普及しはじめた頃と時を同じくして、１８４２年、ヨーゼフ・グロルがチェコのピルゼン市で、偶然にも透明黄金色のラガービール（18ページ参照）を生み出した。これこそ現代ビールの大半を占めるピルスナースタイルの誕生であった。透明グラスと透明黄金色が組み合わさって話題となり、そして世界を席巻していく。

以来、昨今のクラフトビールブームで種々のスタイルのビールが復興するまで、ビールといえば透明黄金色であることが半ば義務化されてしまったわけである。この清透性の追求の影響は強く、自家製であってもビールが濁ることを嫌うのである。濁っていても美味しければいいはずなのだが……。

除菌を重視する歴史的背景

ほかの自家醸造の酒と比べると、ホームブルーの除菌への気遣いは極端なようである。確かにワインや日本酒ほどアルコール濃度が高くないため、発酵後に酵母以外の菌が繁殖するリスクは高い。しかし、これはあくまで発酵後のこと。ビールづくりで、発酵過程の除菌に気を遣うのは何のためなのか？　一つは、純粋に品質のためであろう。つまり、オフフレーバー（好ましくない香りや風味の総称）が生ずるリスクを減らすためである。

さらにもう一つ。これもまたビールの発展の歴史に一因ありと、筆者は考えている。19世紀の微生物学の揺籃期のこと、シュワン、リービッヒ、ハンゼン、ブフナーなどの著名な化学・微生物学の学者たちは、皆ビールを研究対象とした。ハンゼンの酵母の純粋培養装置は、現在でも大手ビールメーカーであるカールスバーグが導入した。このことが、ビールの大量生産に道を開いた。このような研究者が主導した近代のビールづくりの歴史ゆえに、殺菌除菌対策を重視するビールづくりの傾向が生まれたものと思われる。

低温が必要な製造工程の歴史的背景

最後に、ビールの発酵や貯酒に、保温よりむしろ低温が要求されるのはなぜか？　このような疑問が生まれるのは、ワインや日本酒づくりと比べた場合のことであり、そして、あくまで筆者の見方によるところではある。

発酵温度と貯酒温度に関して、ビールは概して低温が要求される。特にラガーイースト（下面発酵の酵母）

を用いた場合は、発酵温度は15℃以下。つまり冬場を除いて通常の室温では無理で、原則として冷却器が必要となる。このこともまた、19世紀の欧州での発明に由来する。リンデの発明した液体アンモニウム式の冷凍機の登場により、ビールは季節ものから通年製品になったといわれる。そのせいかホームブルーでも、どうしても冷蔵庫は必須となる。

　リンデのアンモニア冷凍機、パスツールの低温殺菌法、ハンゼンの酵母純粋培養法をビールの三大発明という。これらにより、ビールは大量生産品となり、工場の装置によってつくり出される工業製品となった。一方、ワインあるいは日本酒は、イメージとして、職人がシャトーあるいは蔵で醸すものである。この差が自家製にも多分に影響を与えているのである。そのため、ビールづくりは、器具や工程が煩雑と思われるかもしれない。まあその分、挑戦のしがいもあるというものだ。

2 ホームブルーとビアスタイル

ピルスナースタイルだけでは物足りない

世界中のビール消費の9割以上が、ヨーゼフ・グロルが生み出したピルスナースタイルで占められている。しかし、ピルスナーは今や数あるビアスタイルの中のたった一つにしか過ぎない。ビアスタイルをピルスナーに絞るなどは、実にもったいない話である。もちろんホームブルーでは、ピルスナーにこだわることなく、自由に世界中のビアスタイルをつくることができるし、既存のスタイルだけをつくる必要性すらない。ただし、既存のビアスタイルにはどのようなものがあるのかを知っておく必要はあるだろう。

　欧州ではそもそも土地ごとの風土に合ったさまざまなビールが、古くから醸されていた。中でもベルギーには個性的なビールが多く、イギリスのビール評論家、故マイケル・ジャクソン氏が全世界にその存在を知らしめ、ピルスナー以外のビールに人びとを開眼させた。また、イギリスでは197[illegible]年にカムラ（CAMR

A）と称する市民運動により、伝統的なパブで熟成管理したリアルエールを復興させる運動が生まれた。この運動は、アメリカのクラフトビールやブルーパブ（店内でビールを醸造しているパブ）ひいてはホームブルーに、多大な影響を与えたといわれる。

第二次クラフトビールブームの到来

アメリカでは1979年に、ジミー・カーター第39代大統領がホームブルーを解禁した。このホームブルーの解禁により、ホームブルーは大きく進化し、さらにはアメリカのクラフトビール発展にも影響を及ぼした。とりわけ、西海岸の南部サンディエゴ周辺では、ホームブルーの素地の上に柑橘類（シトラス）の香りのホップを極端なまでに増量させたIPA（インディアペールエール）が登場し、それが今や一つのスタイルとして確立している。

そのようなアメリカ発のクラフトビールのムーブメントは世界中を刺激し、御多分にもれず、日本でも第二次クラフトビールブームが生じている。なお、ホームブルーの定番教科書の著者、チャーリー・パパジアン氏が——米国ブルワーズ協会の会長でもあるのだが——、ビアスタイルを整備し提唱している。

さまざまなビアスタイル

まず、糖をアルコールに変える酵母によって、ビアスタイルは三つに大別されている。その酵母のもとに、地域の特性や使用する原料などにより、さらにスタイルが分かれている。表1―1に代表的なビアスタイルを載せた。また、これらのスタイルを目指してホームブルーする場合の容易度を、A（容易）、B（比較的容易）、C（工夫必要）、D（困難）で表わした。

エール系…エール酵母（サッカロミセス・セレビシエ）、別名、上面発酵酵母で醸造されるビール。発酵温度は15℃から25℃。この酵母によって醸されるビールがエール系で、複雑でフルーティーな香りのものが多い。

基本的なエールのスタイルがペールエール。これに麦芽とホップを増量したものがIPA。ローストした麦芽を用いた色の黒いエールがスタウト。麦芽をさらに増量しアルコール度数をワイン並みに高めて長期熟成したスタイルをバーレーワインという。

　さらにドイツにもエール系のビールがある。代表的なものは、バナナ香が特徴の小麦を用いたヴァイツェン。ほか、アルトやケルシュなどがある。ベルギーのトラピストビールもこの酵母を用いている。

ラガー系…ラガー酵母（サッカロミセス・カールスベルゲンシス）、別名、下面発酵酵母で醸造されるビール。発酵温度は8℃から15℃。ラガーとは本来は長期熟成のこと。エールに比べると発酵期間も貯酒期間も低温ゆえに長い。代表的なスタイルは言わずもがなピルスナーで、透明感があって黄金色でホップが利いてすっきりとした飲み口が特徴。

　このほか濃い麦芽が特徴のデュンケル、さらに麦芽を増やしアルコール度数を高めたボック、さらに

代表的銘柄	ホームブルーの容易さ注)
バスペールエール ブリュードッグパンクIPA トラクエアハウスエール フラーズロンドンポーター ギネス	A A A B C
グリーンフラッシュウエストコーストIPA	A
ツムユーリゲアルトクラッシック ガッフェルケルシュ エルディンガーヴァイスビア	A A A
ヒューガルテンホワイト オルヴァル サン・フーヤン セゾンデュポン	B D D A
ピルスナーウルケル	A
ネグラモデロ	A
バドライト アンカースチームビア	A C
サッポロヱビス ハイネケン シュパーテンオクトーバーフェストビア ヴェルテンブルガーバロックデュンケル パウラナーサルバトール シュナイダーアヴェンティヌスアイスボック ケストリッツァーシュバルツビア シュレンケルララオホ	A B A A A D A C
カンティヨングース ブーンフランボアーズ	D D

表1−1　**代表的ビアスタイル**

スタイル名	発酵酵母	発祥国	特徴
ペールエール	上面発酵	イギリス	黄金〜銅色でエールの標準
IPA			ペールエールのホップを増量
バーレーワイン			麦芽量を増やしたワイン並みのアルコール度数のエール
ポーター			ロースト麦芽を用いた濃色のエール
スタウト			麦芽化しないロースト麦を使用
アメリカンIPA		アメリカ	シトラス香のホップを用いたIPA
アルト		ドイツ	デュッセルドルフでつくられる中濃色のエール
ケルシュ			ケルンでつくられる淡色エールビール
ヴァイツェン			小麦を用いバナナアロマがありやや白濁
ホワイトエール		ベルギー	オレンジピールとコリアンダー入り小麦のビール
トラピスト			トラピスト修道会の10の修道院で醸造したエール
アビイ			修道院が民間醸造所に委託醸造したビール
セゾン			農村の自家醸造が起源。ホップ増の個性的ビール
ピルスナー	下面発酵	チェコ	黄金淡色系ラガーの代表
ウィンナー		オーストリア	ウィーンで誕生した赤味を帯びた中等色ラガー
アメリカンライトラガー		アメリカ	淡色でボディ、アルコール度数の低いラガー
カリフォルニアコモンビール			下面発酵だが高温で発酵（スチームビア）
ドルトムンダー		ドイツ	ピルスナーよりホップ感が弱く、ボディと味は濃い
ヘレス（ミュンヘナー）			苦味が少なく淡色のラガー
メルツェン			ピルスナーよりモルト感がありアルコール度数が高い
デュンケル			ヘレスを濃色にしたラガーでまろやか
ボック（ドッペルボック）			麦芽量を増量し度数を高めたラガー
アイスボック			ドッペルボックを凍らせ水を除き度数を高めている
シュバルツ			ロースト麦芽を用いた黒色のラガー
ラオホ			スモークした麦芽を用いたラガー
ランビック	自然発酵	ベルギー	空気中の野生酵母を取り込み熟成させたビール
フルーツランビック			ランビックに果実を漬け込んだビール

注）ホームブルーの容易さ：A：容易　B：比較的容易　C：工夫必要　D：困難

アルコール度数を高めたドッペルボックなどがある。また、ロースト麦芽を使った黒ビールのシュバルツなどもある。変わり種では燻製した麦芽を用いたラオホといわれるスタイルがある。

自然発酵系…ベルギーのブリュッセル近郊の蔵などに存在している野生酵母を取り込み発酵させ、3年熟成させたビールをランビックという。また、1年貯酒の若いランビックと3年貯酒したランビックをブレンドした、極めて酸味の強いビールをグースという。さらにランビックにクリークというサクランボやフランボアーズ（ラズベリー）などの果実を漬け込んだビールを、通称フルーツランビックと称している。

以上のほかに、伝統的なスタイルにひとひねり加えたハイブリッドスタイルや、伝統的なスタイルでは分類できないフリースタイルも存在する。特にわが国には、清酒酵母を用いて発酵させたハイブリッドスタイルが存在する。

コラム 01

エクストリームビア

最近、エクストリームビア（ビール）という言葉を耳にすることがある。これはビアスタイルの一種ではなく、ただ単に「極端（エクストリーム）なビール」というほどの意味である。例えば、極端に苦くしたIPA、極端にアルコール度数を高めたアイスボックやバーレーワインやインペリアルスタウ、あるいは、変わった素材で醸した、変わった味のランビックなどがあげられる。

わが国のクラフトビールでもわずかながらエクストリームビールがある。なかでも、埼玉県比企郡小川町にある麦雑穀工房マイクロブルワリーがかつて醸したビールの原料は、なんと、ねこじゃらし（エノコロ草）！もちろん、ホームブルーであれば、いくらでも自在にレシピを工夫して、このようなエクストリームビールを生み出すことができる。

2章

ホップとビアハーブを家庭で栽培する

1 ホップ栽培の勧め

1 ホップって何?

ホップの役割別分類

まずホップとは何かを説明する前に、ビールにおけるホップの役割を紹介しよう。

その主たる役割とは、苦味づけ（ビタ－リング）、香り（アロマ）づけ、風味（フレ－バ－）づけの3点である。ちなみに香りと風味とは異なる。香りは、口にビ－ルを含まなくてもグラスに注いだときから感じ取れる匂いで、風味は、ビ－ルを口に含んだときにはじめて感じる匂いのことである。

ホップには表2－1に示したようにさまざまな品種がある。苦味づけ、香りづけ、風味づけのすべての役割を担える品種もあるが、普通、品種ごとに役割に応じての好不適があり、次の四種類に分類されている。

ファインアロマホップ…苦味が少なく上品でおだやかな香りのホップ

アロマホップ…香りが強く、苦味は強くないホップ

ビターホップ…苦味成分の含有量が多いホップ

デュアルホップ…香りづけ、苦味づけの両用に使われるホップ

以上の役割は確かに重要だが、ホップにはこれ以外の役割もある。殺菌、清透（固形物の沈殿性の向上）、泡持ちなどである。ただし、ここでは、あくまで香りづけ、風味づけ、苦味づけの3点を主眼としたホップの役割を述べたい。

植物としてのホップとは

ホップはアサ科のつる性植物である。多年草で和名はセイヨウカラハナソウ。成長に伴い時計回りにつるを巻く。成長は早く、条件が良いと1日で30㎝、通常

でも1週間で60㎝も伸びる。したがって、成長期には相当の水が必要である。雌雄異株で、ビールに用いるのは、雌株に7月頃から9月頃にできる毬花《きゅうか》（コーン）といわれる部分である。

　毬花は、写真2―1にあるように、茎の周りが何枚もの花びら状の苞葉《ほうよう》（葉とは異なる）で覆われており、この苞葉の間には0・1㎜ほどのルプリンといわれる黄色い粒子がたくさん詰まっている。

　苞葉とルプリンが毬花全体に占める割合は、それぞれ約84％と16％である。

　苞葉に含まれる成分はセルロース、リグニン、水分、ミネラル、タンパク質、ポリフェノール、脂質、ワックス、ペクチン、単糖類、アミノ酸で、これらは麦汁中で煮沸されても、香り・風味・苦味づけに対する影響は小さい。

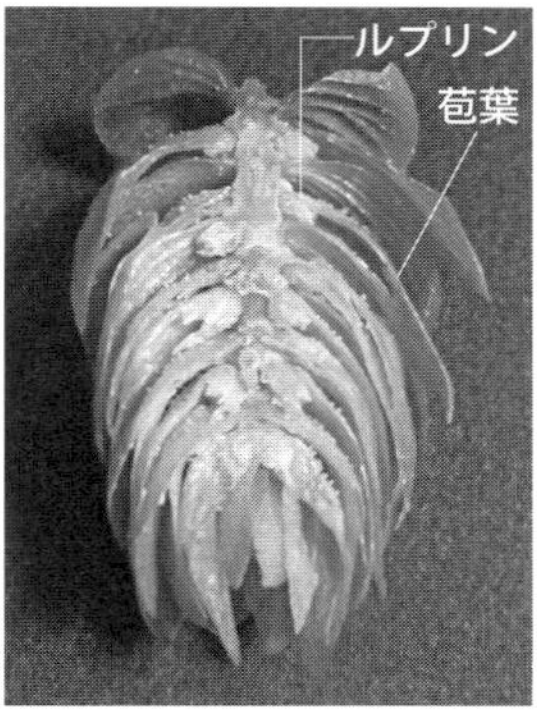

写真2－1　**ホップの断面**
苞葉とルプリン

　一方、ルプリンはエッセンシャルオイルと樹脂からできている。このエッセンシャルオイルの成分は複雑であるが、香りと風味に強く関与する。香りは、揮発成分が関与するので、新鮮なホップほど強い。なおアロマホップは、この揮発成分が多い。また揮発成分は、当然、長時間麦汁に入れて煮沸すると、その成分は蒸散してしまう。だから、香りづけにホップを使う場合は、できるだけ煮沸後半の過程で投入する。

　他方、苦味には、樹脂内の成分であるフムロン、コフムロン、アドフムロンといわれる化合物（通称アルファ酸）やルプロン、コルプロン、アドルプロンといわれる化合物（通称ベータ酸）が関係する。特にアルファ酸が、主として苦味に関係する。このアルファ酸は、ホップの品種によって含有量が異なり、ビールを苦味の強いタイプにしたい場合は、アルファ酸の含有量の多いホップを使用する。一般にビターホップは、

適応気候注)	病害耐性		茂り具合	代表的スタイル
	うどん粉病	ベト病		
温暖、冷涼	幾分耐性あり	幾分耐性あり		多目的
冷涼				ラガー
温暖、冷涼		強い	よく茂り旺盛	ラガー
温暖、冷涼	強い		非常に旺盛	アメリカンエール、IPA
温暖、冷涼	耐性あり		かなり旺盛	多目的
冷涼				アメリカンエール、IPA
温暖、冷涼				多目的
暑さに弱い				エール
冷涼				ピルスナー他のラガー
温暖、冷涼		弱い	よく茂る	ラガー
温暖、冷涼	幾分耐性あり		そこそこ旺盛	アメリカンエール、IPA
冷涼				アメリカンエール
冷涼			よく茂る	ラガー
温暖、冷涼	幾分耐性あり	幾分耐性あり	茂る	バーレーワイン
冷涼			よく茂る	多目的
冷涼				ラガー
冷涼	幾分耐性あり	幾分耐性あり	茂る	ラガー
冷涼				ラガー
多湿を好み暑さに弱い	弱い	耐性あり	あまり茂らず	イングリッシュエール、ポーター
温暖、冷涼	感染しやすい	耐性あり	よく茂る	ラガー
冷涼を基本とするが温暖もOK		若干耐性あり	よく茂る	ラガー

このアルファ酸含有量が多い。なお、代表品種のアルファ酸の含有量を表2―1に記した。

また、このアルファ酸は、低温では水に溶解せず、高温で溶解し、イソアルファ酸という化合物に変化することにより苦味成分となる。この変化をイソ化という。したがって、苦味づけにホップを使用する場合は、香りづけとは正反対に、煮沸中の麦汁にある程度の時間漬け込む必要がある。

表2―2にファインアロマホップ、アロマホップ、ビターホップにおける煮沸時の投入タイミングと煮沸時間の概略を、◎○×で示した。

煮沸終了後、麦汁内の固形物(ホップなど)を網などで除去するが、その際、網(あるいは専用の装置)に

表2−1　**ホップ品種別の性質一覧表**

品種	目的	原産地	アルファ酸量（%）
ウィラメット	アロマ	アメリカ	4−7
ウルトラ	ファインアロマ	アメリカ	2−2.5
カイコガネ	デュアル	日本	4−8
カスケード	アロマ	アメリカ	5−8
ガレーナ	デュアル	アメリカ	12−13
ギャラクシー	デュアル	オーストラリア	11−16
クリスタル	アロマ	アメリカ	2−4.5
ケントゴールディングス	アロマ	イギリス	4.5−5.5
ザーツ	ファインアロマ	チェコ	2−5
信州早生	デュアル	日本	5−7
センテニアル	デュアル	アメリカ	7−8
ソラチエース	デュアル	日本	16
テトナング	ファインアロマ	ドイツ	4−6
ナゲット	デュアル	アメリカ	11−13
ネルソンソービン	デュアル	ニュージーランド	12−13
ノーザンブルワー	ビター	ドイツ	7.5−9
パール	ビター	アメリカ	7−9
ハラタウ　トラディション	アロマ	ドイツ	4.5−5.5
ファッグル	アロマ	イギリス	4−5.5
マグナム	ビター	ドイツ	12−17
リバティ	アロマ	アメリカ	3−5

注）冷涼：岩手県以北の地域、あるいは標高1000m以上の高地
　　温暖：宮城県以南でかつ標高1000m以下の地域

表2−2　**ホップ投入のタイミング**

	目的	代表品種	投入するプロセス注)				
			煮沸			発酵前	発酵後期
			前	中	後		
ファインアロマホップ	風味づけ、香りづけ	ザーツ	×	×	◎	○	○
アロマホップ	香りづけ、風味づけ	ハラタウ	×	○	◎	○	○
ビターホップ	苦味づけ	マグナム	◎	◎	◎	×	×

注）×：投入には向かない、○：投入をしていてもよい、◎：投入必須とする時機
　　発酵前はホップバック、発酵後期はドライホッピング法

新たなホップを入れておき、麦汁に再度ホップを触れさせる。この網あるいは専用の装置をホップバックという。また、発酵後期のビールの中にホップを直に投入したりすることもある。これはドライホッピング法と称するが、最も香りが立つ手法とされている（129ページ参照）。

なお注意しなければならいのは、アルファ酸は酸化してしまうとイソ化（イソアルファ酸への転換）しなくなる点である。つまり、酸化したアルファ酸からは苦味が発現しなくなってしまうのである。

逆にベータ酸は、それ自身には苦味はないが、酸化されると苦味成分になる。したがって、古びて酸化の進んだホップを使うと、酸化したベータ酸からの苦味が出るが、これは一般的には好ましい苦味ではないとされる。もっとも一部のベルギービールなどでは、故意に長期保存したホップを使用して特徴を出している例もある。

2 身近にホップがあると

摘みたてのホップでしか味わえないこと

麦汁中に投入するホップの形体としては三種類ある。ペレット（圧縮成型して固めたもの）、ホール（毬花のまま）を乾燥したドライ、および摘みたてのフレッシュ（新鮮なもの）である。

最も代表的なホップの形体はペレットであろう。商業醸造でもホームブルーでも多用されている形体と思われる。このペレットとは、収穫したホップの毬花を乾燥、粉砕し、直径５㎜、長さ５㎜程度の円柱状に圧縮成型して固めたものである。メリットとしては、長期保存と輸送に適していることがあげられる。おかげで世界中の有名なホップを購入して使用することができる。

しかし、メリットと裏腹の関係にあるデメリットとして、新鮮ではないことがあげられる。つまり、揮発成分が飛んでしまっており、また、アルファ酸の酸化がある程度進んでしまっていることである。

ペレットではない使用形体は、ホール（毬花のまま）を乾燥したドライである。乾燥すれば当然、その過程で揮発成分は失われる。乾燥した植物の葉の香りとして、新鮮なものとは異なるややひねた香りがしたり、あるいは香りそのものを失っていたりなどということを、経験した方も多いのではないだろうか。ホップでもまったく同様である。ただ幸いペレットと異なり、粉砕しない分、ルプリンが空気に触れる表面積が少なく、酸化も少ないと考えられる。逆にペレットに比べてかさばるため、輸送には不利である。

それでは新鮮なホップを使えばどうだろうか？　確かに揮発や酸化は防げるが、この場合、事実上、輸送は不可能である。身近にホップがあることが前提となる。近所に好都合にもホップがあるなどということはまずないだろうから、自宅でホップを栽培してはじめて、摘みたての新鮮なホップを使用することができることになる。

ホップを自宅で栽培しているので、新鮮なホップが使える。そんな場合、揮発成分も飛んでおらず、まだ酸化もしていない生のホップを、そのまま麦汁に投入することが可能となる。摘んですぐの新鮮なホップを麦汁に投入できるのは、自宅でホップを栽培しているホームブルーワーの特権であろう。

ただ、新鮮なホップを使うとなると、ビールづくりは収穫シーズンに限定される。本章の後半にできるだけ新鮮さを保つ保存法を紹介するが（50ページ参照）、もちろんこの保存法は新鮮なホップを使うことが大前提であるのは言うまでもない。

ガーデニングなどでも楽しめるホップ

でも、ホームブルーのためだけに、新鮮なホップを栽培するのはちょっと面倒。ネットショップで世界中のホップペレットも手に入るし、新鮮なホップが使えるのは収穫期だけだし、それでわざわざ苗から育てるなんて、と思われるかもしれない。しかし、ホップは収穫期のビールづくりに利用するだけにとどまらず、実にさまざまなことに有用である。そのいくつかを簡単に紹介しよう。また、ホップを使ったグリーンカーテンのつくり方は本章の46ページで詳述する。

まずは、何といってもグリーンカーテン（緑のカーテン）である。グリーンカーテンとは、最近、二酸化炭素削減の手法の一つとして（冷房電力の削減）、あるいは2011年の福島第一原子力発電所の事故以降の省エネ気運のたかまりのなかで、ずいぶんおなじみとなっていて、説明するまでもないが、日の当たる窓辺にネットなどを張り、そこにつる性植物を茂らせ、日よけにするものである。盛夏の日差しを遮り、また葉からの蒸散で気温を下げると考えられており、グリーンカーテンがない場合に比べて、室温が2℃程度下がるといわれている。

よくゴーヤー、キュウリなどの野菜系や、アサガオ、フウセンカズラなどの花系でグリーンカーテンをつくるが、これらとホップを比べると、サイズや成長速度が大きく異なるため、自ずとグリーンカーテンのつくり方も大きく異なる。何といってもホップは、夏の暑い盛りに、6mから10mまでつるが伸び葉が茂る。それはリビングの窓を越え、さらに2階のベランダや窓をも越えることを意味する（写真2―2）。

ただ、上に伸ばさなくても誘引により、横に伸ばしたり、あるいはホップのアーチをつくったりすることも可能である（写真2―3）。

いずれにせよホップはグリーンカーテンにはもってこいだし、その可愛らしい毬花は見た目にも楽しく、ガーデニングとして興味深い植物である。

毬花の可愛らしさは、フラワーアレンジメントに利用したり、クラフト工芸に利用したりするのに向いている。ほかにも毬花には鎮静作用があるので、ホップピローなる枕に利用できる。要は乾燥させた毬花を枕に入れたものである。

さらに枯れた後にも種々に利用できる。例えば、写真2―4はホップのつるを利用したクリスマスのリースである。枯れた葉やつるはコンポストに投入しよう。瞬く間に堆肥と化していく。

そのほか、実はホップそのものを飲食に用いることもできる（158ページ参照）。毬花を煎じたホップティーはもとより、毬花の塩漬け、オリーブオイル漬け、天ぷら。または、若芽の煮浸し等々。極めつけはドイツのホップ産地の春限定の品、ホップフェンシュパーゲルという土中のホップの新芽で色が白い部分をソテーにした料理である。

ビールづくりとグリーンカーテン以外にも、ホップはさまざまな利用方法があるのである。

なんでビールにはホップがつきものなのか？

ここまで、ビールにはホップがつきものという前提で話を進めてきた。だが、よく考えてみると、〝ビールづくりは、なぜホップにこだわっているのかよくわからない〟という疑問が、湧いてこないだろうか。ビアハーブに話をつなげるためにも（51ページ参照）、ビールとホップの関係をまず考えておこう。

実は古代のビールには、ホップが入っていない。ホップがビールの定番になったのは、ビール六千年の歴史の中ではむしろ最近で、長い歴史のうちの10分の1以下程度の時間、ここ数百年のことでしかない。それまで味つけや風味づけには、種々のハーブ（香草）が用いられてきた。ホップもその種々の香草の一種にすぎなかったのである。古代から時は過ぎ11世紀。中世ヨーロッパ最高の賢女と謳われる宗教家兼作曲家兼本草学

写真2－2
ホップのグリーンカーテン

写真2－3
ホップのアーチ

写真2－4
ホップのリース

者のヒルデガルト・フォン・ビンゲン女史が、ビールにホップを用いた場合の効能を、最初に文献に記したといわれる。

しかし、中世には、グルートと称する複数のハーブの配合物がビールに用いられるのが通常で、このグルートの製造は、時の権力者である教会や領主などが独占していた。この既得権をホップに奪われまいと、権力者はホップを排斥していたという。必然的に、グルートの配合は秘密。まあ、近場で採取できるハーブがメインであることは間違いなくて、種々のハーブがグルートに用いられていたといわれている。最も代表的なハーブとしては、ヤチヤナギ、ヤロウ（セイヨウノコギリソウ）、グレコマ、ヒース、さらに、フェンネルシード、アニスシードなどのスパイス系、また、なじみのローズマリーやタイムなどが用いられていたという。

権力で守られていたはずのグルートなのだが、いつしかホップが着実に実績を伸ばし、最後には実質的に他の一切のハーブをビールから駆逐してしまう。その理由は、ホップにはあって、ハーブにはない何かがあるからか？　その一つに泡持ちがあげられる。ただ今でこそビールに泡は必須であるが、当時は果たしてその必要があったのだろうか。当然、ホップの個性的な味もその理由かもしれない。その他の理由となると、ビールの保存性を高めること、つまりホップの殺菌性などだろうか。結局、明確な理由はわからない。ホップマジックがなせる業なのであろう。

最近、ある醸造家の方から面白いお話を伺った。ホップと他の香草では、麦汁の中のタンパク質熱凝固物の沈殿性が大きく異なるというのである。ホップには優れた凝集沈殿効果があるので、つくり手としてはホップを使いたいらしい。つまり消費者のニーズではなく製造者の都合で、ホップが選ばれたのではなかろうかという推理であった。理にかなった説であると感心している。

実際、筆者の経験でも、ホップを入れないハーブだけのビールを発酵させたとき、発酵初期に発酵タンク内で浮いた固形物がまったく沈殿しなかった。

史実では、1516年にバイエルン公国のウィルヘルム4世が出した「ビール純粋令＝（ビールは大麦、ホップ、水のみを原料とする）」で、グルートには終止符が打たれたとされる。

こうして「ビール＝ホップ」の公式はでき上がったのだが、その実、ホップに別のハーブを添加しているビールはいまだに相当数のものが存在する。そして何より、世界のホームブルーワーは、ありとあらゆる種類のハーブとスパイスを試し続けている。

本章の目的は、「ホップを栽培してビールをつくる」である。しかし、ホップだけ栽培するというのでは寂しい。本章の後半でビールに用いるハーブをいくつか紹介する。その前にまず、ホップの栽培法をお伝えしよう。

2 ホップを育てる

1 ホップの苗の入手法

ネットショップを利用する

街の花屋さん、あるいは苗を扱っているお店に行っても、ホップの苗が売られていることはまずない。筆者は、かつて甲斐路をドライブ中に、苗を売っている店があったので、「カイコガネ」という品種のホップの苗を購入したのだが、それが店でホップの苗を販売しているのを見た最初で最後であった。しかし、幸いにも今ではネットショップで販売されている。検索サイトで「ホップ　苗」と入力すれば、複数の販売先が出てくる（ただ、くれぐれも「ビアホップ」では検索しないように。「ビアホップ」とは、ホップとまったく異なる、サボテンに代表される多肉性植物のことである）。しかし、希望の品種が販売されているとは限らない。国内で筆者がネットで見つけた品種は、カスケード、センテニアル、ハラタウ、ザーツ、ケントゴールディングス、クリスタル（写真2―5）、マグナム、ナゲット、信州早生、カイコガネ、ファッグル（写真2―6）、ノーザンブルワー、ガレーナ（写真2―7）、テトナング、ウルトラ、パールぐらいである。また、グリーンカーテン用、あるいはプランター育成を意図したプリマドンナという新品種がある。この新品種は、高さ2m程度までにしかならないとのこと。マンションなどのベランダでも栽培可能となる。ただし、この品種のビールへの使用情報は、残念ながら筆者の手元にはない。ほかの品種が売られている気配は、これを記している2015年時点ではない。ネットショップ

写真2―5
クリスタル

写真2―6
ファッグル

写真2―7
ガレーナ

以外では、オークションサイトで出品されているのをときどき見かける。

いずれにせよネットで購入する場合、以下の欠点がある。樹勢が強いものを選ぶことができないこと。植え付けの最適シーズンに、苗があるとは限らないこと。段ボール詰めの宅配便で送付されてくるため、到着時には苗が弱っていることなどなどである。それでも現時点での入手方法としては、ネットを利用するのが最も無難でかつ確実といえよう。また、苗を栽培するのではなくペレット状のホップを入手してホームブルーで用いる場合も、ネットショップによる通販が便利である。

リスクを考え複数の苗を購入

また苗の購入数量であるが、植え付け初年度こそ草体もさほど大きくならず、親づるは苗からの2〜3本だけで、毬花の収穫量も少ないうえ、収穫時期も遅い。しかし、翌年からの地下茎の発達に伴い、親づるとなる出芽数は一挙に増加し、収量も爆発的に増大するので、正直、ホームブルーには一苗で充分と思われる。ただ、栽培環境や栽培に失敗した場合などのリスクを考え、複数の苗を購入し、植え付け場所などを変えて、リスク分散するのも手かもしれない。

次にホップ栽培の実際を説明しよう。

2 ホップの品種と栽培カレンダー

ホップの品種と栽培に適した気候

ホップは元来、気温に敏感で冷涼地を好む。ヨーロッパ産の著名品種「ザーツ（チェコ産）」種で栽培平均気温8・6℃、「ハラタウ（ドイツ産）」種で栽培平均気温7・2℃、さらにこれらは8月の最高平均気温が20℃以下であることが、栽培適地とされている。つまりわが国では、高地および北海道以外は栽培適地とは言えない。

しかし、幸い晩生のホップであれば、温暖気候でも大丈夫だという。また実際、筆者が住む東京都町田市の気候でも、問題なく毎年ちゃんと成長する品種がある。筆者が栽培している品種とは、「カイコガネ（国産）」「クリスタル（アメリカ産）」「ガレーナ（アメリカ産）」

表2－3　**植え付け初年度のホップの栽培カレンダーと成長の様子**

	3月	4月	5月	6月	7月	8月	9月	10月	11月
苗の植え付け	植え付け期間								
誘引		誘引期間							
ホップの様子									
毬花の収穫							収穫期間		

および「ファッグル（イギリス産）」である。これ以外でも特にアメリカ産ホップは、温暖地域でも大丈夫な品種が多い。表2―1（24〜25ページ参照）に品種別の気候適応性とアルファ酸含有量などの特徴を示した。なお、これらの特徴はあくまで目安であり、栽培条件や年ごとの気候に左右される。

　ところで筆者が長年栽培している「カイコガネ」とは、日本で最も栽培されている「信州早生」種の芽条変異品種で、キリンが開発し1980年に品種登録された品種である。親の「信州早生」は「ザーツ（チェコ産）」種の雌株に「ホワイトバイン（イギリス産）」種の雄株を交配したものである。国産品種のホップのほとんどはラガー系ビールに用いられており、「カイコガネ」もその範疇である。だが、もちろんエールに使用しても問題ないことは言うまでもない。

　信州早生は「晩生」でもないのに、どうしてわが国の気候に適合しているのか？　字面に「早生」とあるが、実はこれはあくまで収穫期をヨーロッパと比較した場合のことであって、この品種をヨーロッパで栽培

表2－4　植え付け翌年度以降のホップの栽培カレンダーと成長の様子

	3月	4月	5月	6月	7月	8月	9月	10月	11月
発芽	発芽期間 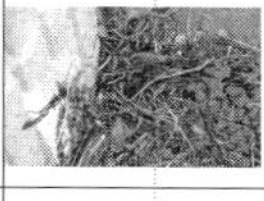								
誘引			誘引期間 						
グリーンカーテンの様子									
毬花の収穫						収穫期間 			

すると、かなりの晩生となるらしい。かなりの晩生つまり温暖気候に強い。まして、山梨の盆地育ちの「カイコガネ」となるとさらに強いのではないだろうか。

「クリスタル」と「ガレーナ」は、それぞれアロマホップとデュアルホップで、ともにアメリカ産であり、また、ともにエールに用いられる。また、大概の気候に適合できるという。実際に、ガレーナはプランターでの栽培だが、極めて旺盛に育つし、クリスタルも問題なく栽培できる。他方、「ファッグル」はいかにもイギリス産で、暑さに強くなく、湿度を好む。ホップは日のよく当たる場所で栽培するのが原則ではあるが、筆者の場合、「ファッグル」は家の北東側で栽培している。そのためか収量は少ない。それでもポーター（濃色のエール系のビール）にはこのホップが最適である。

栽培カレンダー

表2―3は植え付けてから初年度の、また表2―4は翌年度以降のホップの栽培カレンダーと成長の様子である。表2―3と表2―4の中の写真を比較すれば、植え付け初年度こそ成長は遅く、親づるの数も少ない

が、翌年度以降、特に地下茎（リゾーム）が発達してからは、成長も早くなり、圧倒的にホップが茂ることがわかる。以下では、苗の植え付け、トレリス（誘引資材）と誘引、手入れの仕方、グリーンカーテンのつくり方、収穫と保存の順に説明しよう。

成長空間の確保

ホップの苗の植え付けに好適なシーズンは、3〜4月、遅くとも5月末までである。10月頃の秋植えも可能である。また、苗を植えるのではなく地下茎を株分けする場合は、冬以外であればいつでも可能であるが、初年度での毬花の収穫は期待できない。

苗の植え付けでの最大ポイントは、成長空間の確保である。表2—3の通り植え付け初年度こそ成長は遅く、親づる数も少なく、トレリス（誘引資材）も少なくてすむが、それでも摘芯しなければ、全長は6m以上に達する。原則的に、高さ方向に3m程度の成長空間が確保できる場所に植え付けるのが好ましい。ただ、後述するように、誘引により斜めに伸ばしたり、真横に伸ばしたりすることも可能である。その場合、伸ばす方向に向かって、やはり4m程度の空間が欲しい。また、植え付けるのは、日当たりがよく、風通しがよく、水はけがよい場所がベストである。

植え付けの方法

苗をプランターに植える場合、プランターの大きさは、大きければ大きいほどよい。苗1つにつき大型730プランター（容量45ℓ、73㎝×40㎝×深さ27㎝）は欲しい。土はホームセンターなどで販売されている野菜用の培養土がよい。

露地でもプランターでも、植え付けの方法は同じである。まず、苗のポットより多少大きめの穴を開け、そこに元肥として化成肥料（8—8—8＝チッソ・リン酸・カリの成分比）をひとつまみ程度と油粕をひとつまみ程度まき、元肥の上を培養土で薄く覆い、ポットから取り出した苗をそこに入れて、周囲を培養土で盛って植え付けは完了である（図2—1）。

すぐに、水をたっぷりと与える必要がある。写真2—7のガレーナの苗では、すでに本葉が14枚あったので、植え付け後すぐに、支えの意味で棒状の支柱を立てた（写真2―8）。

苗ではなく芽の出た地下茎が手に入った場合、地下茎の根を下、芽を上にして、地下茎と地表との深さが5cm程度になるように穴を掘って植える（図2―2）。植え付けたらすぐに水はたっぷりと与える。なお、元肥はポットの場合と同じように与える。

トレリス（誘引資材）と誘引

ホップはつる性植物であるため、自立することはない。上方に伸びるには支えが必要で、その支えのことをトレリス（誘引資材）という。トレリスはつるが巻

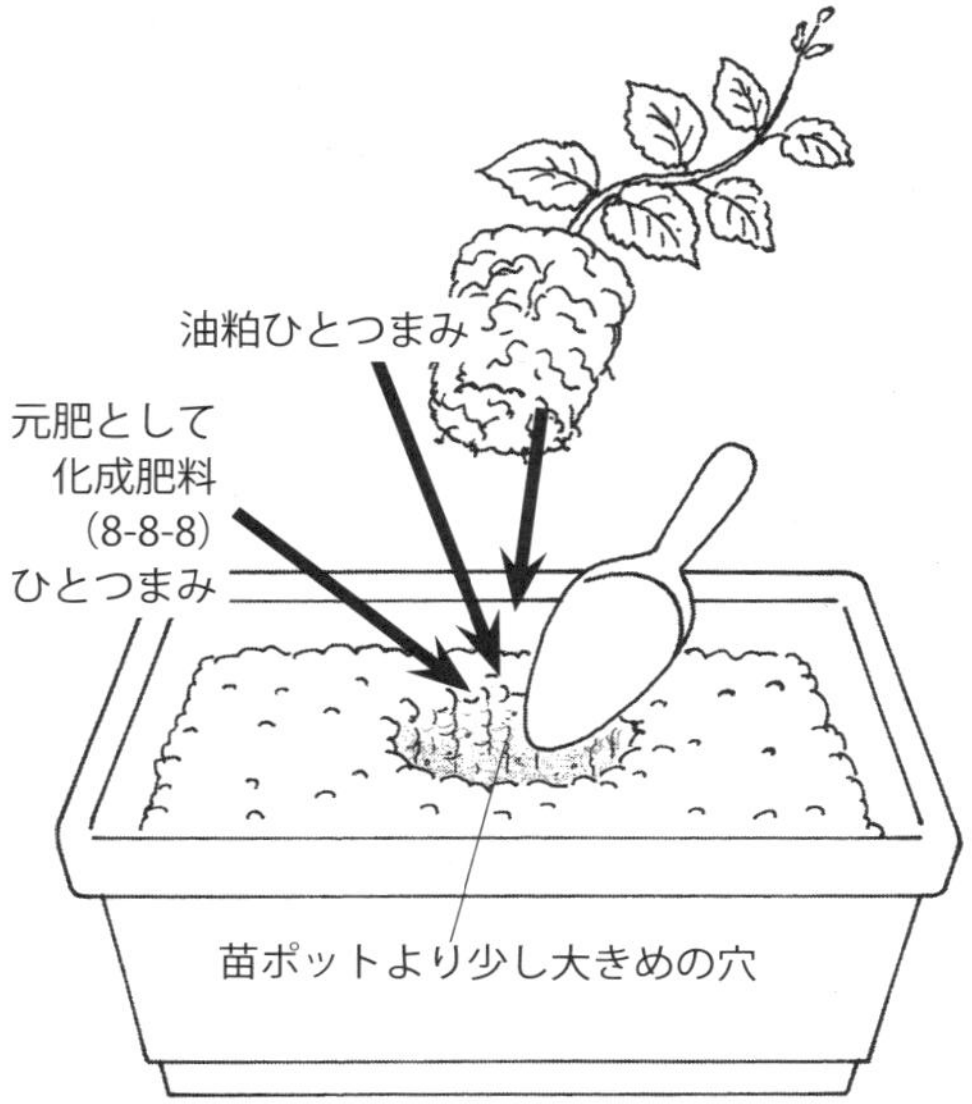

図2－1　**ホップ苗の植え付け**

写真2－8　**ガレーナ（苗）の植え付け**

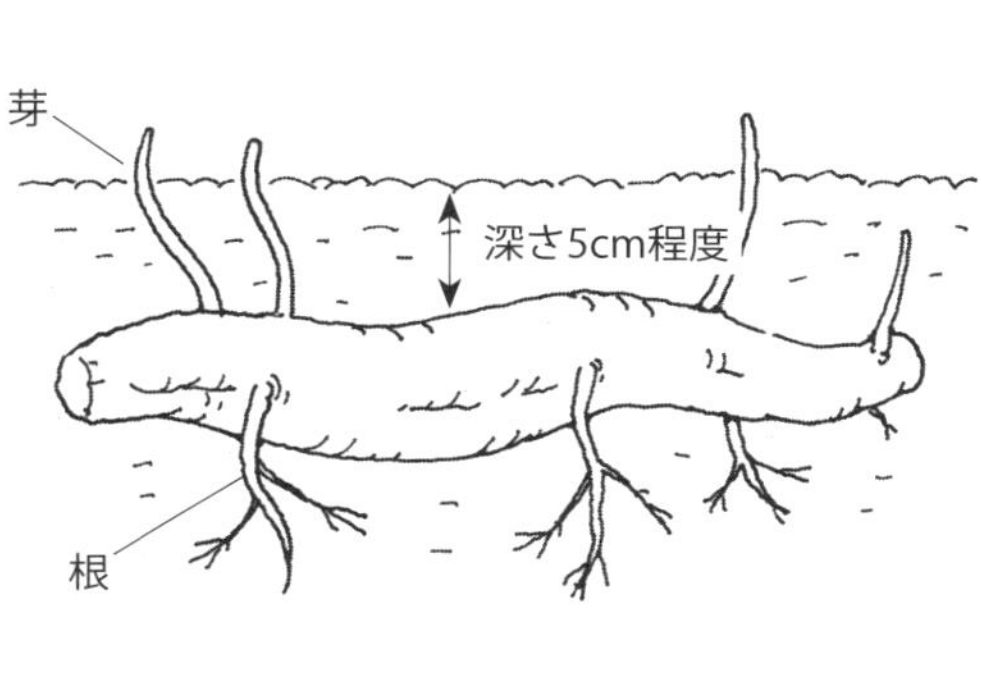

図2－2　**地下茎の植え付け**

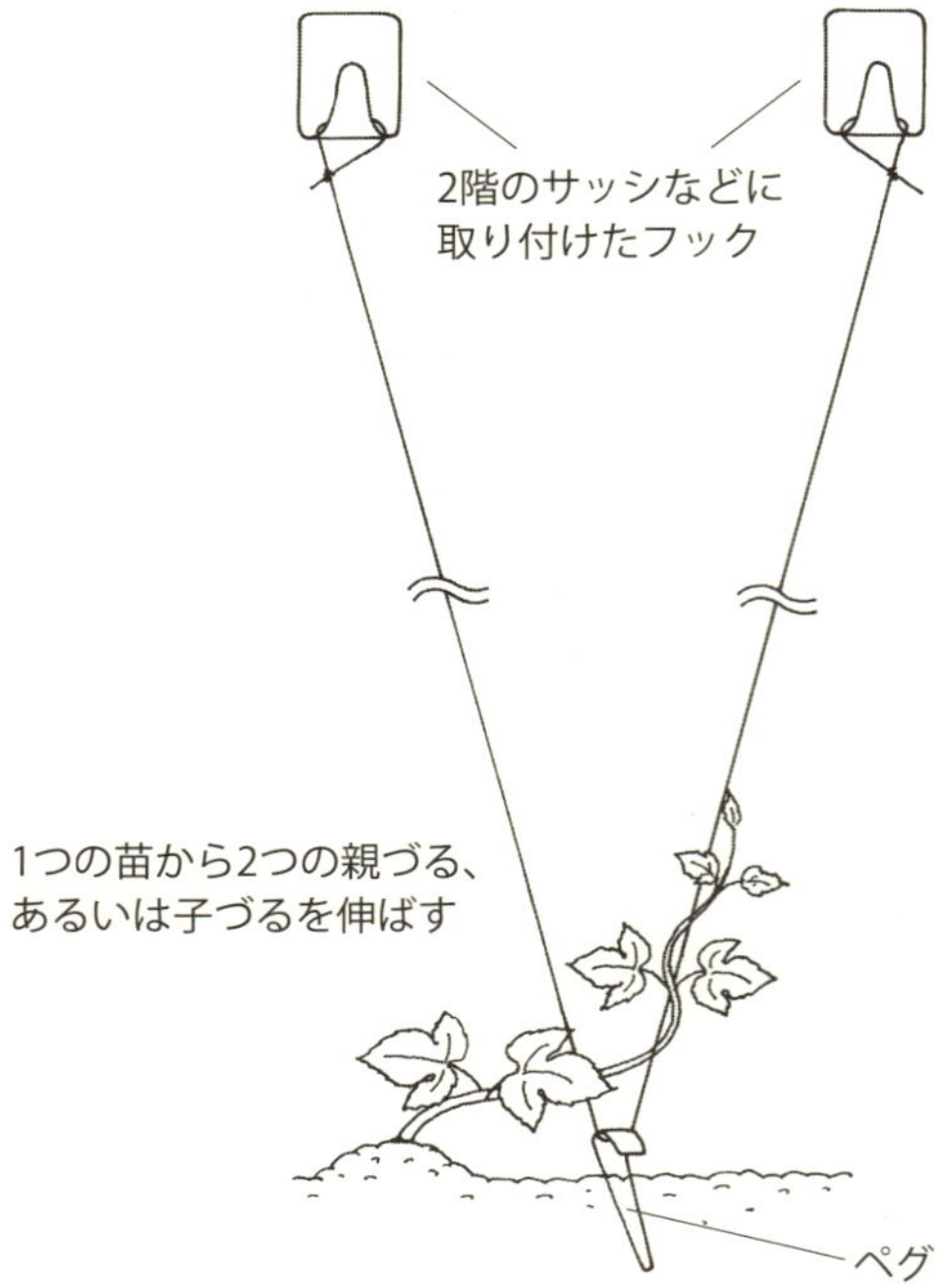

図2－3　**ペグを使ってV字にロープを張る**

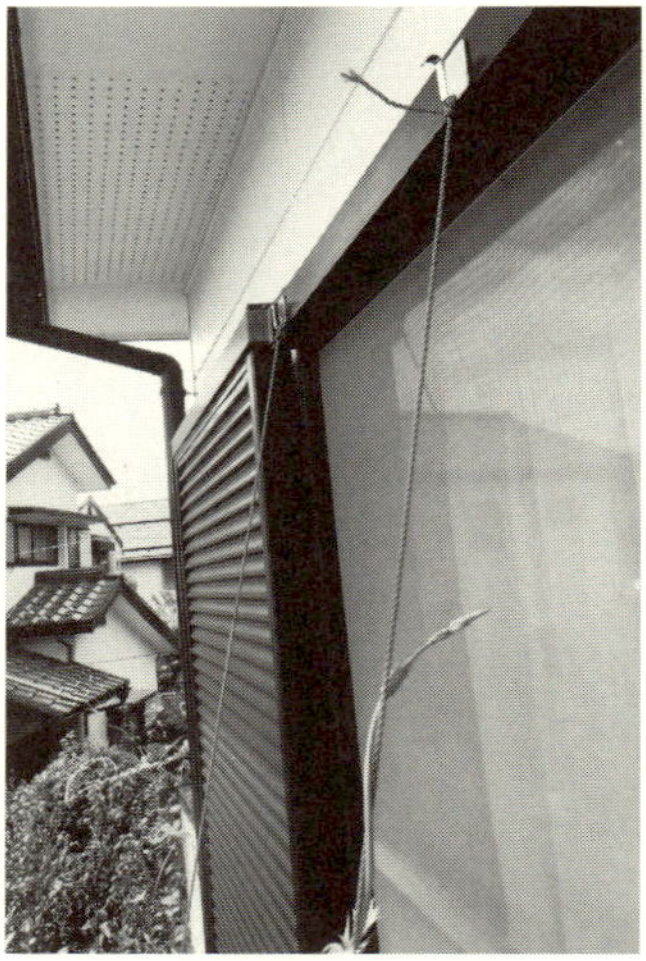

写真2－9　**メルトフック**

き付けるもので丈夫であれば、ポールでも、ロープでも、ネットでもよいし、場合によっては庭のフェンスでも構わない。トレリスの太さは10㎜程度までがよい。

トレリスにつるを巻き付けたり、あるいは手前のトレリスから遠方のトレリスへとつるを強制的に這い回したりと、つるを人為的に都合のよい方向に伸ばすことを誘引という。誘引は、おもに4～6月にホップがまだ手の届く高さ、つまり、肩より低いうちに、週に1回程度実施する。後は誘引せずにトレリスの方向につるが時計回りに伸びていくにまかせる。もちろん、茂りすぎ防止や脇芽かき（43ページ参照）などは適宜行なう。

露地でのトレリス（誘引資材）の設置

2階のベランダに手すりがあると、露地でも比較的簡単にトレリスを設置できる。植え付けたホップから5～10㎝以上離した地面にペグ（テントなどの設営時にロープを地面に固定するのに使う杭。ホームセンターなどで購入できる）を打ち、

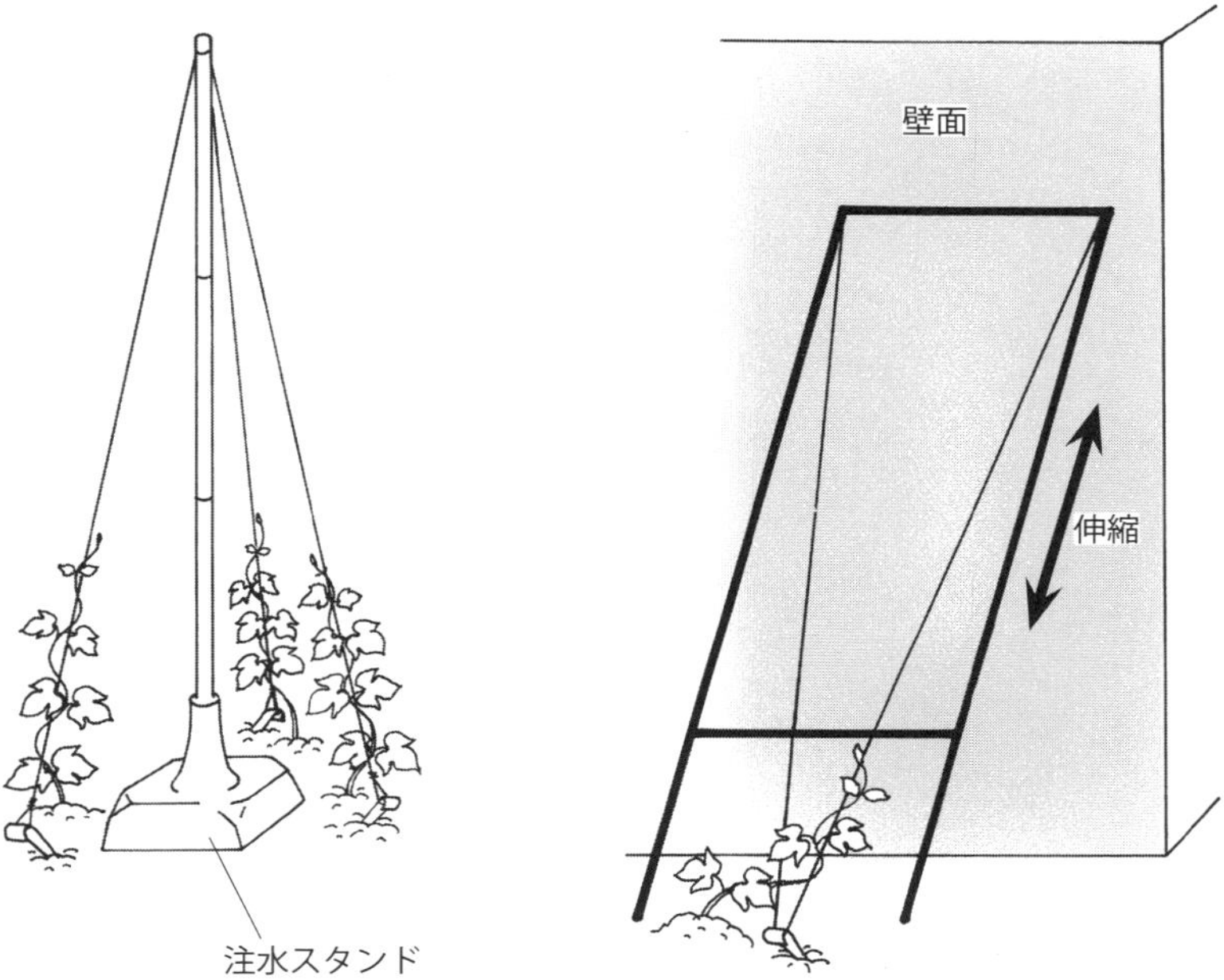

注水スタンドに4mのポールを差し込んでつくったトレリス

壁面に立てかけ用支柱を使って張ったトレリス

図2－4　**2階にフックなどを取り付けられないときの工夫**

そのペグからベランダの手すりや壁面あるいはサッシに取り付けたフックを目がけてロープをピンと張ればよい（図2―3）。フックは、写真2―9にあるように2階の窓のサッシの上部に、メルトフック（ライターなどの火で接着面を溶かして貼り付ける強力接着タイプ）を取り付けるのが簡単で便利である。ペグがなければコンクリートブロックでもよい。1つの苗から2つの親づるを伸ばす場合、あるいは子づるを伸ばす場合などのことを考えて、図2―3のように1つのペグからV字状に2本ロープを張ってもよい。

　2階にロープを結ぶ適当な場所やフックを取り付ける場所がないときは、工夫が必要となる。約3mまで伸縮できる立てかけ用支柱を使ったり、注水スタンドに4mのポール（支柱）を差し込んだりするとよい（図2―4）。高さのある支柱の場合、図2―4の左図のように上端にトレリスとなるロープを巻き、3方向にペグで張ると安定する。図2―4では3方向にホップの苗を植え付ける。

ているが、一方向だけに植え付け、後述する誘引で子づるを他のロープに巻き付かせてもよい。

そのほか、いろいろな園芸資材があるので利用できる。また、トレリスに向く資材は、ホームセンターなどでも販売されているし、検索サイトや大手ショッピングサイトで「園芸資材」と入力すれば、種々のオンラインショップがあり、自分の庭やベランダに最適なトレリスを見つけられると思われる。

プランターでのトレリス（誘引資材）の設置

プランターを設置している場所の周りに地面があれば、基本的には露地でのトレリス設置と同様にすればよい。また、写真2－10のように、プランターの上部の枠に複数の穴があれば、これを利用してトレリスを張ればよい。

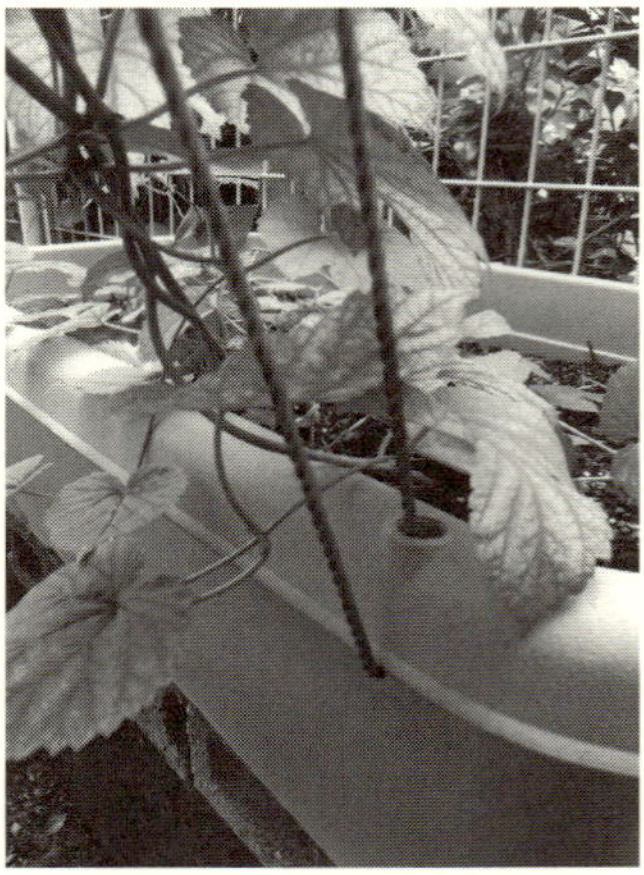

写真2－10　プランターの穴

ベランダやコンクリートの上にしか栽培する場所をとれず、どうしても簡単には、トレリスを張れない場合、グリーンカーテン用のトレリス資材を利用するのがお勧めである。図2－5の右は、高さを稼ぐために設置型のグリーンカーテントレリスをコンクリートブロックの上にのせている。なお、誘引用の網は使わず、図のようにロープを上下に張る。

また、ベランダで軒下があれば、取り付けに便利な伸縮自在の突っ張り型のグリーンカーテン支柱が使える（図2－5の左）。ベランダと軒下の間に突っ張り棒を立て、上部と下部に横棒を張り、その横棒の間にロープを渡せばよい。これらのグリーンカーテン用の園芸資材も、ホームセンターやネットショップで手に入れることが可能である。

誘引の方法

誘引は非常に重要なテクニックである。目的はつる

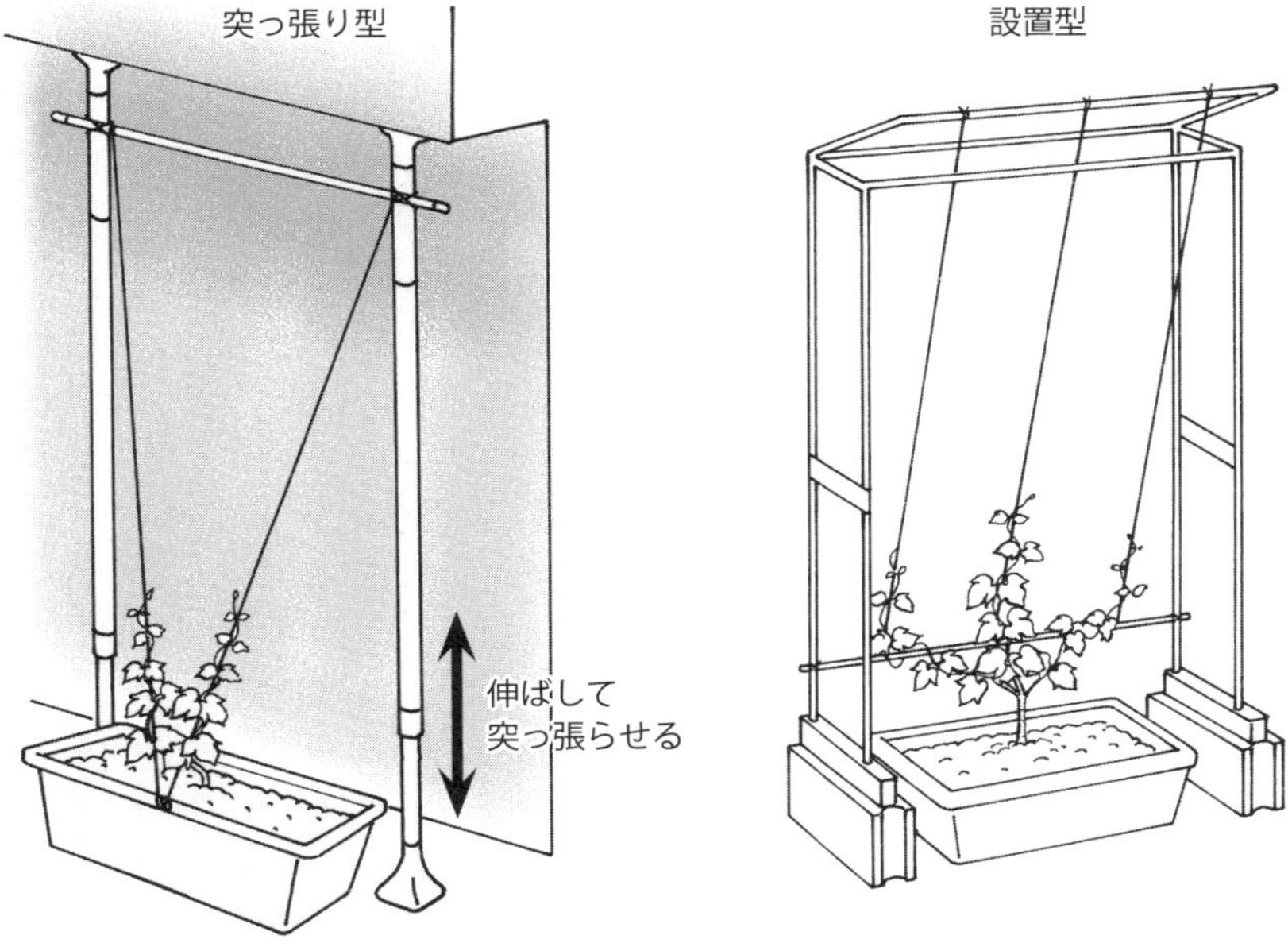

図2−5　**トレリス（プランター）**

の行き先の変更である。ホップの誘引は、ほかのつる性の植物の誘引とは大きく異なる。例えばキュウリなどでは、茎を誘引用の網にひもで結びつけるのが通常だが、ホップの誘引にはひもは使わない。誘引の期間は表2―3、表2―4（34～35ページ参照）に示したが、成長中はいつでもできる。

誘引を行ないたい場合、つまりつるの行き先を変えたい場合、行き先変更分のつるの長さ（誘引作業をするつるの長さ）は、30cm～1mぐらいが妥当である。この程度の長さのつるは普通、すでにトレリス（誘引資材）に巻き付いていたり、あるいはつる同士が互いに巻き合っていたりする。まず、行き先変更分のつるの巻き付きをていねいにほどく。次にほどいたつるを行かせたい方向に持っていき、行かせたい方向のトレリスに少し巻き付ける。写真2―11で説明しよう。

図中の①に示した付近のフェンス奥で、上に伸びていたつる2本をほどいた状態が②である。そして③に示したフェンスの横方向にもっていこうとしているところである。なお、ホップのつるには微細な棘状の凹

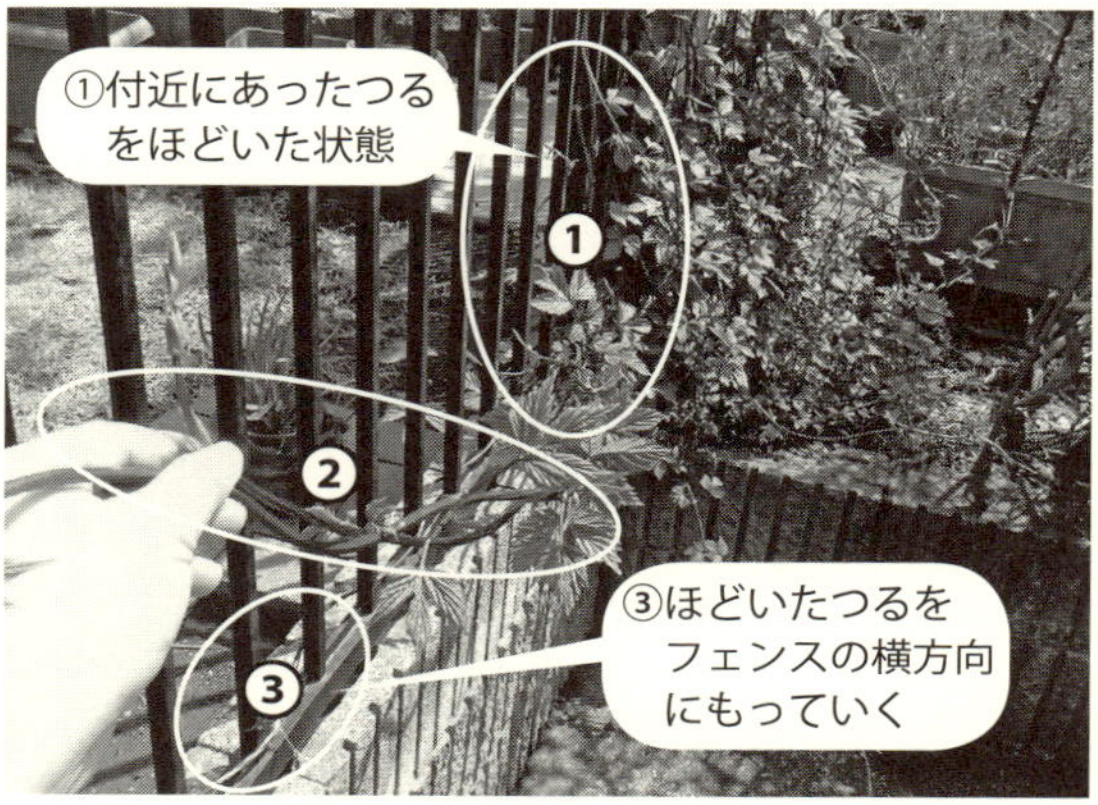

写真2－11
誘引の方法

凸があり、このためにひもなどなくても、ロープをはじめとする種々のトレリスに簡単に巻き付けることができる。また、この棘状の凹凸に直接、皮膚などをこすると、非常に痛く感じ、皮膚がミミズ腫れになるので、つるを扱うときは注意が必要である。

ホップのつるは思いのほか折れやすいものである。誘引中に、つるを途中で折ってしまうことがよくある。このような場合は、折れた部分より少し根側の部分で切断するしかない。切断したからといって心配には及ばない。後述する摘芯と同じことなのだから。

日々の管理

ホップ栽培の日々の管理に関して説明する。

①水やり…ホップは乾燥を好むと誤解されやすいのだが、通常のハーブや野菜より成長も早く、草体も大きいため、かなりたっぷりとした水やりが必要である。太いつるを切断すると断面の中央に大きな導管があり、そこから水が滴るほどの吸水力がある。また、ファッグル種では多湿の年ほど収量が多くなる。

水やり期間は、植え付けから収穫期までのほぼ全期間。特に成長期である6月～7月の水やりが重要である。また、暑さにホップが負けないように、8月も水やりは欠かせない。葉から水分が蒸散すれば草体の温度も下がる。梅雨どき以外は、露地栽培にせよプランター栽培にせよ、親づるが何本もあるような株では、朝あるいは夕方に一株当たり2ℓ程度の水を与えるのがよい。

プランター栽培の場合、露地栽培以上に、水やりに気を付ける必要がある。地上部が枯れない期間は水やりが毎日必要で、土が乾いてしまう場合は、毎回一株当たり1ℓ程度、朝夕2回の水やりが必要である。

9月以降は、徐々に葉色が退色し枯れてくるが、それに伴い水やりも徐々に減らし、つるの大半が枯れてしまったら、水を与える必要はない。

②**施肥**…植え付け後、収穫が終了するまで、月1回程度、元肥と同じ化成肥料（8―8―8）を与える。

施肥量は一株当たりひとつまみで充分である。なお、毬花は花でも果菜でもないので、花用や果菜類用の肥料を与える必要はない。また冬季には、肥料は与えない。

③**摘芯・脇芽かき**…つる先端の成長点は、頂芽優先といい、どんどんつるを伸ばしていくが、葉とつるの脇にある子づるの成長点は、抑制されて伸びない。

そこで、つる先端を摘芯すると頂芽優先がなくなり、脇芽である子づるが伸びる。

ホップの場合は、葉がつるに対して左右対称で一対につき、また脇芽もその葉の付け根とほぼ同じ位置にあり、左右対称に一対で伸びる。

植え付け初年度のように親づるの本数が少ない場合、摘芯の目的は、まさにつる先端を切ることで子づる（脇芽）を成長させ、つるの本数を増やし茂りを良くすることにある。この場合の最初の摘芯は、図2―6のように地上部の地面から本葉6枚を残した位置で行なう。

図2―6
摘芯位置

また、次年度以降、表2―4（35ページ参照）の発芽時の写真でわかるように、親づるが地下茎からたくさん発芽して伸びてくるので、特に根に近い部分では、放置しておくと茂りすぎ、風通しを悪化させてしまう。そこで、草体を茂らせる目的の摘芯とはまったく別に、不要なつるを除去する目的で、脇芽かき（剪定）を行なう。間引くつもりで、大胆に脇芽を切ってしまう。

さらに成長に伴い、分岐した子づるが増えてくるが、風通しや日当たりを考え、不要な脇芽を除去していく。とりわけあまり高さがないトレリス（誘引資材）の場合、上端を越したつるは情け容赦なく刈り込む。さもないと、とんでもないところにつる先が入り込んで、後で抜けなくなってしまう恐れがある。

④害虫駆除…ホップの場合、草体が大きく柔らかそうな葉のわりには、害虫はあまりつかない。毬花に害虫がついているのを見たことが幸いないので、防害虫用の農薬を散布する必要はない。とは言うものの葉に虫や幼虫の類はつく。ゾウムシ、カメムシ、コガネムシなどである。これらは1匹ずつピンセットで摘まんで除去する。

ただ、ハダニだけは、サイズが小さく、葉裏に多くつくので、食害が出るまで気がつかない。ハダニは赤色のクモの仲間で0・1㎜くらい。虫めがねで見ると足が8本あって赤色なのですぐにハダニとわかる（写真2―12）。

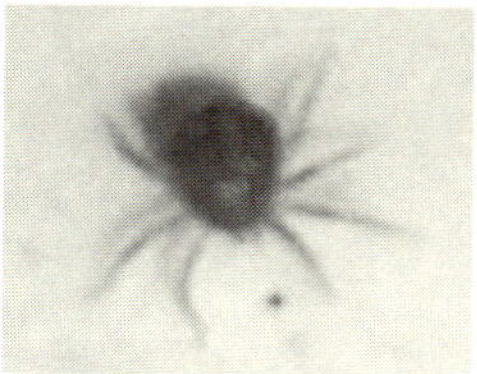

写真2―12
ハダニ

筆者の栽培しているホップにも毎年、5月以降、ハダニが見うけられるのだが、実は何も対策をしていない。それでも毬花は充分収穫できている。一般的にハダニは水で除外できるといわれている。ハダニがついていたら、葉の表裏面に水をかけて防除する。

⑤病気対策…病気は、品種により耐性が異なり、病気に耐性の弱い品種を栽培した場合は、対策が必要である。代表的な病気は、うどん粉病とベト病である。

表2―1（24〜25ページ参照）には各品種の病害耐性も記してある。

うどん粉病は、葉が開いて枯れるまでの全期間、おおむね4月から10月に発病する。湿度が低いときに発生しやすい。

症状としては、葉の表面の白い点々からはじまり、葉全体が薄い白になる。これにより光合成が阻害されるので、植物体全体に影響し、当然、毬花の収量にも影響が出る。胞子（菌）が風で運ばれ葉に付着することにより、病気が広がる。

対策としては、感染した葉や茎が限定されていれば、それらを切り落とし、胞子をまき散らしてほかに病気が移ってしまわないように、隔離して処理する。感染がある程度広がっている場合は、農薬に頼らざるを得ない。

ホームセンターなどにある園芸コーナーに行けば、うどん粉病対策の農薬がたくさんあるので、目的にあった農薬を購入して散布する。高価ではあるが、スプレー缶タイプのものがお手軽である。

うどん粉病対策の農薬の代表であるサプロール乳剤原液を購入した場合、原液を水で1000倍に希釈したものを噴霧するが、噴霧範囲が小さければ100円ショップで売られているハンドスプレーでも大丈夫である。実際に使用する際は、必ず商品に書いてある説明をよく読んで、記載内容に従って使用する。

アメリカのクラフトビール醸造所で最も用いられている品種であるカスケード種は、うどん粉病耐性が強い。

ベト病は、うどん粉病とはやや対照的で、多湿期に発生する。特に気温が低く多湿のとき、葉で繁殖するカビが病原である。

初期症状は、葉表面に黄色の小さな斑点が現われる。症状が進むと斑点が拡大して淡褐色となり、この病斑同士が結合して葉全体に広がる。また、病葉は乾燥時には乾いてパリパリしているが、雨が続き高湿になるとベトベトになる。病名の由来である。

初期の対策は、うどん粉病と同じように病葉を切り落とす。代表的な薬剤としては、エムダイファー水和剤（エムダイファーはクミアイ化学㈱の商標）があげられる。

イギリス産のホップであるファッグル種の栽培条件は、この病気の繁殖条件と類似しており、低温で多湿好みである。そのためか、ファッグル種はこのベト病には耐性がある。しかし、うどん粉病には弱いので注意する必要がある。

グリーンカーテンをつくるコツ

農業としてのホップ栽培では、ていねいにトレリス（誘引資材）に誘引したり、あるいは摘芯や脇芽かきをしたりはせず、ひたすら上方に伸ばし、収穫時にはバッサリとつるごと落として毬花を得る。一方、ホームブルーの家庭菜園のホップでは、そんなもったいないことはしない。とことんホップを利用しつくそう。その一つが、先にも述べたグリーンカーテンとしての利用である。この項では、ホップでグリーンカーテンをつくる場合のコツを述べる。

グリーンカーテンをつくろうとしたら、当然、植え付け場所から考える必要がある。また、もし品種が選べるならば、できるだけ旺盛に茂る品種を選ぶのがよい。ただし、あくまで目指すビアスタイルなり、ビールの個性なりに、最適な品種を選ぶことを優先すべきであろう。参考のため、表2—1（24〜25ページ参照）に品種別の茂り具合を記した。

ホップは、他のグリーンカーテン好適植物、例えばゴーヤーなどとは性質がかなり異なる。普通グリーンカーテンをつくるにはネットを使用するが、ホップではネットは不向きである。

家庭の場合、グリーンカーテンの多くは、南向きのリビングの窓の外に設置することになる。その窓辺のすぐ外にホップを植えてもよいのだが、多少離した場所に植えても、あるいはプランターを設置してもよい。筆者宅の例で言えば、2m以上離れている。そこから、ターゲットとしている窓よりも高い場所を目がけてトレリス（誘引資材）を数本張る。トレリスの本数は窓の幅に合わせて適宜調整する。トレリスがロープの場合、ペグからV字状にロープを張る。ペグ間隔は50

cm以上、また、V字の開いている側も同じく50cm以上、間を離して、フックあるいは2階のベランダ手すりあるいは物干し竿状のものに固定する。

写真2―13は筆者宅での実施例である。フェンスと2階のベランダの間に、ロープをトレリスとしてV字状に張っている。

トレリスを設置したら、前述のように誘引と摘芯を何度も繰り返し、思い通りにつるを這わせる。トレリスにつるが巻き付き、最上部に達したら、それ以上には伸びないように、つる先端を常に刈り込む。

トレリス間の平面をホップで覆うためには、葉の下の脇から出てくる子づるを使う。その子づるをしばらく切らずに伸ばせば、隣のトレリスに届く程度の長さとなる。そして、そのつるを隣のトレリスに誘引する。ホップのつるが平面上にネットワークを形成するように、この子づる誘引操作を繰り返す。なお、トレリスの間が近ければ、強制的に誘引しなくても、隣接するトレリスのつるの脇芽同士が伸びて、自然にネットワークになる。このようにして完成したグリーンカーテンが、写真2―14である。

また図2―7に、比較的小さめのプラン

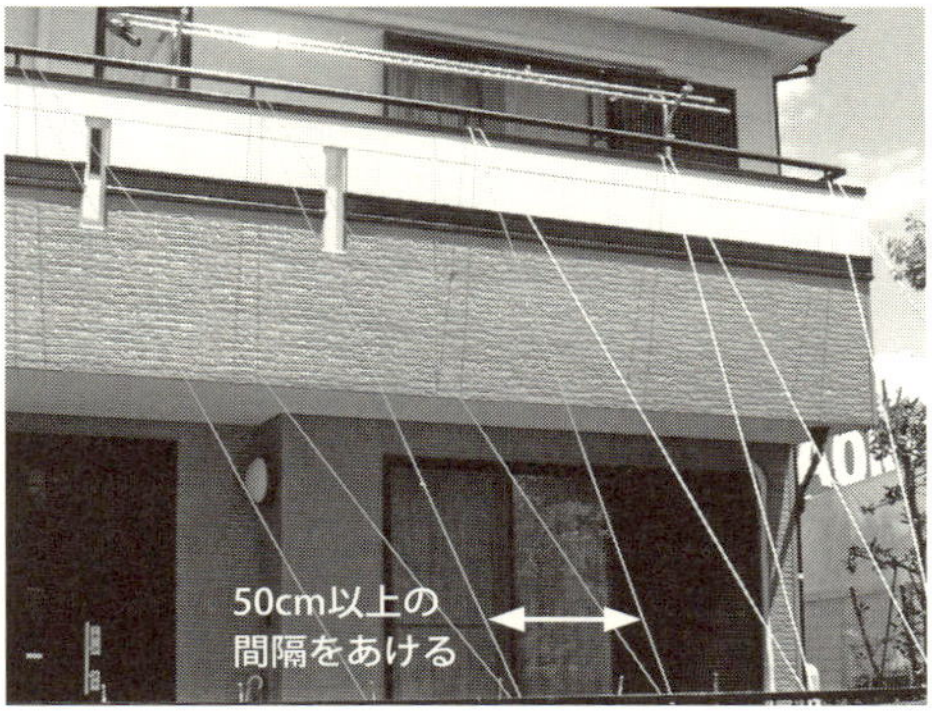

写真2－13
グリーンカーテンの
トレリス（ロープ）の張り方

写真2－14
完成したホップのグリーンカーテン

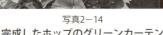

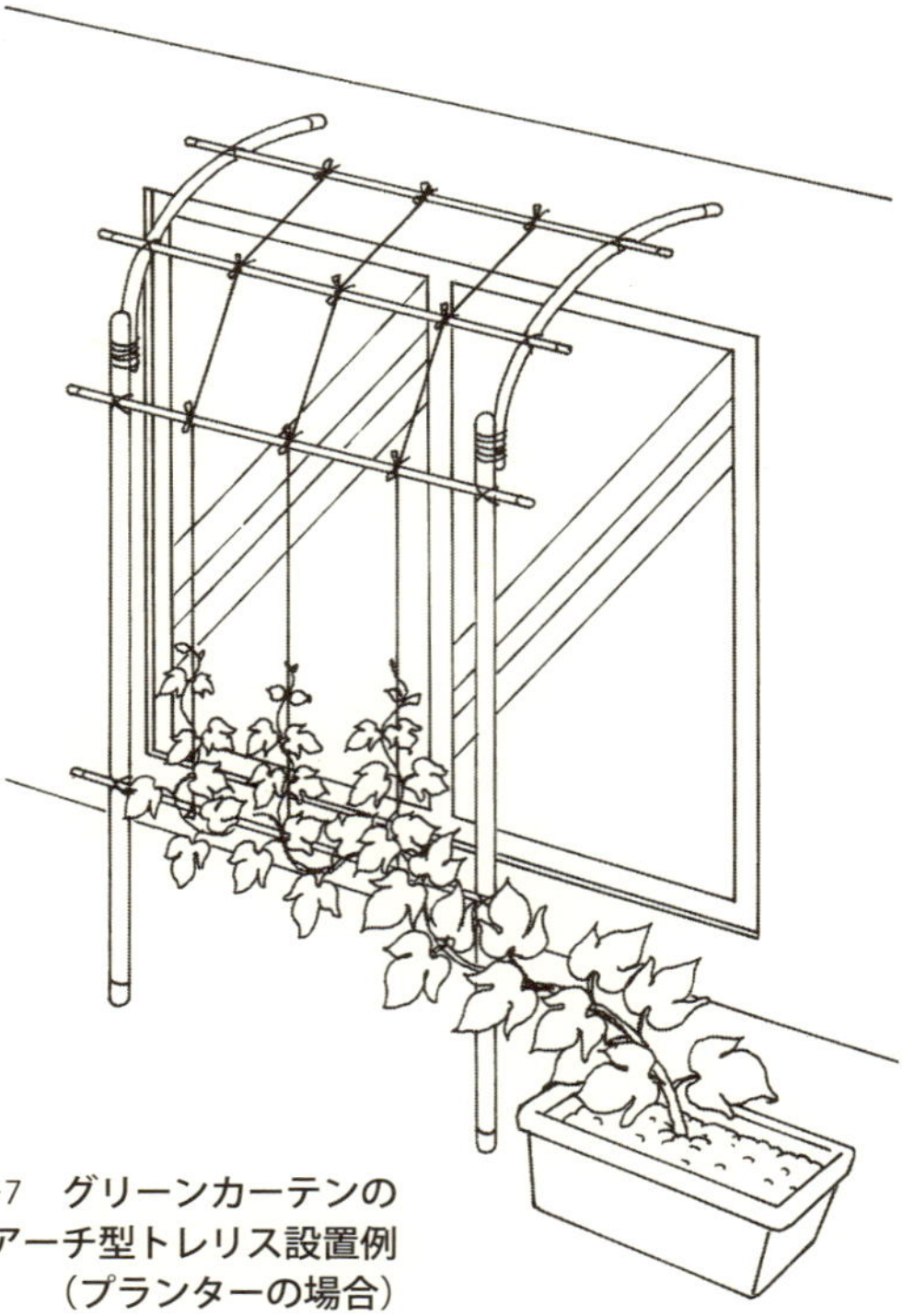

図2—7　グリーンカーテンのアーチ型トレリス設置例（プランターの場合）

ター1台からグリーンカーテンをつくる場合を示した。トレリスはアーチ型といわれるものである。なお、この図では、あえて窓正面にはプランターを設置していない。また、トレリスは図2—5（41ページ参照）に示した設置型や突っ張り型でもよい。ロープはV字状ではなく並行に設置している。

図2—7では、より早く成長したつるから、より左のトレリス（よりプランターから遠いトレリス）に誘引し、後から成長したつるほど、より右のトレリスに誘引している。横に誘引させても、すぐにトレリスに巻き付いて上に伸びるため、そのつど、巻き付きを解き、横に這うように誘引する。場合によっては、摘芯や脇芽かきを行ない、できるだけ左右のつるの高さに差が出ないように工夫すると、グリーンカーテンが完成するまでの途中経過も美しくなる。

● ホップの毬花の収穫法 ●

ホップの収穫期は、品種や気候条件によって左右されるが、おおむね表2—3や表2—4（34～35ページ参照）に示した期間、つまり7月～10月である。古い親づるの先端側から順に毬花をつける。

収穫期間中であれば、3章で紹介するホームブルーに使用する場合（110ページ参照）、ホップはそれほど量を必要としないため、「今日はビールでもつくるか」と思い立ったそのときに収穫すればよい。それどころか、麦汁を煮沸しはじめてからあわててホップを摘んでも間に合う。要するに、ホップの収穫期間中に摘みたてで使用する限りは、乾燥や保存を考える必要はまったくないのである。

ではどのようにして毬花を収穫するのか。大きく二通りの収穫方法がある。一つはつるをトレリス（誘引資材）から外してしまい収穫する方法。もう一つはつるをまったく切らずに、毬花のみを収穫する方法。いずれの方法でも、最終的に毬花を得るのは、単純に毬花の付け根の部分（写真2―15の白線で示した位置）をハサミで切るだけのことである。手で無理やり摘もうとするとつるを引っ張ってしまうので、やめたほうがよい。

摘んですぐに使う程度の少量収穫のときは、つるを落とすことなく、単純にそのままの状態で毬花だけを摘めばよい。

保存したり、ビール以外の用途に使ったりする場合、つまり、ややたくさん摘みたい場合、ホップのつるの上のほうにある毬花も採る必要がある。その場合、脚立を立てて摘むか、高枝バサミを使い、例えば写真2―15のように毬花の多くついているつるを、写真2―15の矢印で示した部分から切り落として収穫すればよい。また、2階のベランダの手すりにトレリスを設置しているなら、多少強引に、つるなりトレリスなりを持ち上げて、毬花を摘めばよい（写真2―16）。

もっとまとめて収穫する際は、つるをトレリスから完全に切り落としてしまい、そのつるにある毬花を徹底的に収穫する。その場合、一般的にはつるごと日陰に持って行き、乾燥するのを防ぎつつ収穫作業を行なう。また、この場合、根側のつるをどのあたりから切り落とすかであるが、9月を過ぎていれば、基本的には地下茎を残して、つまり、ほぼ地上部のギリギリのところで切断する。写真2―17は、根本からではなくつるの途中で切断したものである。写真では、落としたつるの下にビニールシートを敷いている。

収穫した毬花は、即日使用する場合も、保存する場合も、ザルに入れてざっと水道の水で洗う。決して洗いすぎないように注意する。水中に浸してかき回したりなどすると、水の中にルプリンが脱落してしまう。洗ったらすぐに水をよく切り、さらにキッチンペーパーで水分を吸収させれば、使用可能の状態となる。これを麦汁やホップバック（129ページ参照）に直接入れてもよいし、ドライホッピング法（129ページ参照）で貯酒タンクに入れてもよい。

ホップの毬花の保存法

さて、即日使用せず保存する場合、乾燥させるのが通常であるが、温度をかけて乾燥すると、本章の冒頭で述べた通り、苦味の素であるアルファ酸は酸化し、香りの素である揮発成分は蒸散してしまう。できれば、日陰干しで乾燥させるべきであろう。確かに、筆者もかつて、このようにして乾燥ホップにして保存していたが、最近ではジッパー付き袋（冷凍・解凍用）を用いる。いわゆるジップロック（旭化成ホームプロダクツ㈱の登録商標名）のことである。

乾燥させていない新鮮なホップを前述の方法で洗い、

写真2－15
毬花の収穫

写真2－16
つる単位で切断して収穫

写真2－17
トレリス単位で切断して収穫

水を充分切った後、ジップロックに詰め込み、空気を追い出し、しっかりジッパーをかけ空気を遮断する。多少ホップが潰れるのは仕方がない。ジップロックにはうまい具合に日付などを書き込めるので、収穫日を記入しておこう。そして、そのまま冷凍庫へ。筆者の場合、これで、一年後に使用した実績がある。

麦汁への投入およびホップバック（129ページ参照）へは、解凍せずに使用できる。ドライホッピング法（129ページ参照）の場合は温度管理上、解凍後に使用することをお勧めする。

3 ビールを多様にするビアハーブ

1 ビアハーブとは

摘みたての新鮮なハーブがいちばん

ビアハーブといっても、ホップよりも、特別にビールに合うハーブがあるわけではない。また、本書でハーブという場合、いわゆるスパイスも含むこととする。ただし、スパイスとハーブの差は微妙であり、ハーブは葉（リーフ）や花（フラワー）を使用する植物、スパイスは種（シード）や根（ルート）を使う植物といった漠としたイメージがある。本書では、どちらもハーブと称する。このハーブを使用する部位によって、つまりリーフ、フラワー、シード、ルートによってビールへの投入方法がだいたい決まるので、この四分類を本書では用いる。

リーフ系とフラワー系の場合は、ホップ同様、新鮮であることが重要で、摘みたてのハーブがよい。したがって、家庭菜園で育てたハーブがベストである。

また、ほとんどのハーブは鉢やプランターでも充分栽培できる。リーフ系とフラワー系の保存には乾燥が必要となるが、乾燥（ドライ）ハーブは、新鮮な（フレッシュ）ハーブに比べて、より香りを立たせるのに量が必要となる。やはり、摘みたての新鮮なハーブを使うことをお勧めする。

一方、シード系、ルート系は保存が容易なものが多い。

ホップあってのハーブ

本書で紹介するハーブは、グルート（30ページ参照）の場合を除き、原則、ホップとともに用いる。なぜ、ハーブ単独ではだめなのか？　その理由は、２章の１で述べた（22ページ参照）、発酵タンク内での固形物の凝集沈殿性の悪さとともに、ビールの泡と関係がある。

泡といっても、泡立ち（フロッシング）と泡持ち（ヘッドリテンション）がある。意味は読んで字のごとくで、泡立ちは発泡量で泡持ちは泡の持続時間。この両者のなかでも、とりわけ泡持ちに関しては、ホップからのイソアルファ酸と麦芽からのタンパク質の相互作用が主要な役割を果たしている。一方、ハーブからはイソアルファ酸が供給されないので、もしハーブだけで醸造するとどうなるであろうか。本当に泡持ちしないのか？

和風ハーブの代表であるドクダミでビールをつくってみたのだが、ドクダミの個性を引き出そうと、ホップの量を通常の５分の１まで減らしてみた。ボトルを開けた瞬間、プシュと音がして普通の発泡を呈した。が、その次の瞬間からアッという間に泡が消失。やはり泡持ちには、適量のホップが必要なことを痛感した次第である。ホップマジックとは侮れないものである。

要するに、ホップあってのビールなのであり、ハーブはビールの主役を張れないことは言うまでもない。とは言え、ホップだけでは出すことのできない魅力も多数あり、ハーブはビールの多様性を広げてくれる。

ハーブの役割

多様性を広げてくれるといっても、では、ビアハーブにどのような役割があるのだろうか。ホップの場合と基本的に似ている。香り（アロマ）づけ、風味（フレーバー）づけ、苦味（ビター）づけ、さらにホップにはない役割として、色（カラー）づけ、苦味ではない甘味づけ、ホップとは別の薬効成分の抽出（薬味づけ）などがあげられる。もちろん、ホップと同様の香りや風味という言葉は使っても、ホップとは異なる香りや風味を期待してのことである。ペパーミントなどがビールの風味として加わった場合などを想像すると、わかりやすいと思う。

リーフ系ハーブの役割は、香りづけ、風味づけ、苦味づけであり、ホップの役割に似ている。ただし、ホップのように、一つだけで苦味づけと香りづけなどのいくつもの役割を担うわけではない。なお、苦味づけと香りづけの二つの役割を持つ両刀使いを、デュアルパーポス（デュアル）と称する。ミントの葉は香りづけだけ、またヤロウの葉は苦味づけだけの役割である。

フラワー系ハーブの役割には、香りづけのほかに色づけがあり得る。コモンマーロウやクチナシ、ヘザーの花は、ビールに多彩な色をつけることができる。

シード系ハーブやルート系ハーブの場合、風味づけと味つけが主たる役割になる。例えば、リコリスは、甘いカラメル風味と少しの甘味をビールに与えることができる。

以上、ビールづくりへの役割分類（香りづけ、風味づけ、味つけ、薬味づけ、色づけ）とハーブの使用部分による分類（リーフ系、フラワー系、シード系、ルート系）を組み合わせて、代表なハーブ品種の役割分類を表2―5に整理した。

また、ホップと同様に、役割に応じたハーブの投入タイミングを表2―6に示した。

ハーブ苗の入手法

ハーブ苗の入手は、ホップ苗と比べて容易なものが多い。代表的なハーブであれば、街の花屋さんでも販売されているし、ホームセンターに行けば山のように売られている。ただし、めずらしいハーブは、当然、入手が難しい。その場合は、ホップと同様、ネット通販に頼らざるを得ないのだが、幸いハーブの育苗を専門としている業者も多く、時期を選べば、思い浮かぶほとんどすべてのハーブが手に入る。

また、家庭で栽培をせず、買ってきたハーブで醸造することもあり得るが、その場合でも、代表的なハー

表2−5　**ハーブの役割分類**

	香りづけまたは風味づけ	味つけまたは薬味づけ	色づけ
リーフ系ハーブ	ローズマリー①、タイム②、バジル③、シソ	ステビア⑥、ヤロウ⑦	
フラワー系ハーブ	カモミール④		クチナシ、コモンマーロー⑨、ヘザー
シード系ハーブ	コリアンダーシード⑤、山椒の実	アニスシード、フェンネルシード⑧	ブラックベリーの実
ルート系ハーブ	ジンジャー	リコリス、ドクダミの根	

注）表中の番号は2章3-2「ビアハーブを使ったビールの特徴とビアハーブ栽培のコツ」（56ページ参照）に記載しているハーブの番号

表2−6　**ハーブ投入のタイミング**

	目的	代表品種	投入するプロセス注）				
			煮沸			発酵前	発酵後期
			前	中	後		
リーフ系ハーブ	香りづけ	ペパーミント	×	×		◎	◎
	風味づけ	ローズマリー	×	◎	◎	×	×
	苦味づけ、風味づけ	ヤロウ	◎	◎	◎	×	×
フラワー系ハーブ	香りづけ	カモミール	×	×	◎	◎	○
	色づけ	コモンマーロウ	×	×	×	◎	◎
シード系ハーブ	風味づけ	コリアンダーシード	○	◎	◎	×	×
	甘味づけ	アニスシード	◎	◎	◎	×	×
ルート系ハーブ	風味づけ	ジンジャー	×	◎	◎	×	×
	風味づけ、甘味づけ	リコリス	◎	◎	◎	×	×

注）×：投入には向かない、○：投入をしていてもよい、◎：投入必須とする時機
発酵前はホップバック、発酵後期はドライホッピング法

ブであれば、近所のスーパーマーケットの野菜売り場で売られている。さらに、相当にめずらしいハーブでも、最近ではハーブティーを売る店がデパートなどにあり、そこで入手可能である。実際、筆者も自分で栽培していないハーブをビールづくりに使うときは、ハーブティーの店を利用して手に入れている。

それでも、苗はおろかハーブティー用の乾燥したハーブの葉（ドライリーフ）ですら手に入らない希少品種もある。その一つがグルート（30ページ参照）に最も使われていたといわれるヤチヤナギである。わが国では現在、自生域は高層湿原（栄養塩類の少ない低温湿地に発達する湿原：大辞林より）のみであり、自然界から入手することはもとより、栽培することすら禁止である。もちろん、国内のネットショップやオークションサイトでも見かけたことがない。

ただし、ヤチヤナギはその香りに優れた特徴があるため、北海道立総合研究機構林業試験所では、ヤチヤナギの有用性を鑑みて、将来の産業上の利用を目的とした組織培養による育成試験をしている。

このヤチヤナギは、ビールの歴史や文化にとって、ホップに次ぐ重要植物であり、その香りの特徴にも捨てがたい魅力がある（157ページと162ページのコラム参照）。

ハーブの栽培

ハーブの栽培方法は品種によって千差万別である。そうは言ってもどのハーブにも共通する栽培の基本的な注意点があるので、ここではそれらについて述べ、それぞれのハーブの栽培のコツは、次項で簡単に述べる。なお、ハーブに関しては非常に多くの実用書が出版されているので、栽培法に関して不明な点があれば、それらの本も参考にして頂きたい。

①植え付け…ごく一部のハーブ、例えば、アーティチョークなどを除くと、大半のハーブはプランターや鉢植えでの栽培が可能である。使用する土は、市販の「野菜の土」あるいは「ハーブの土」が手軽に入手できてよいだろう。通気性、保水性が確保できれば、どのような土でも構わない。

種を直まきして栽培できるハーブの場合、種まきの方法は、筋まきが基本である。芽が出てから2、3回間引きして株の本数を減らしていく。苗を植え付ける場合は、ホップ栽培の場合と同様にする。

また、全般的に木性、匍匐性（地を這う性質）以外のハーブは、草体が高い割には直立しにくいことが多い。その場合は、草体に合わせた支柱（トレリス）で補強する必要がある。そうしないと、強風で倒れてしまうことがある。

②日常の管理…施肥、水やりは、まさに品種ごとに千差万別である。欧州の北方が原産のハーブは、土地が痩せているほうが栽培に適していて、乾燥にも強いものが多い。一方、南欧や南国が原産のハーブは、渇きや肥切れに弱いものが多い。

脇芽を増やしたい場合は、頂芽の摘芯をする。枝葉が少し混んできたら芽かきをする。実のなるハーブで、結実によって草体が弱るようであれば、花を摘みとるなどの日常管理が必要となる。また、病害虫に強いハーブ、弱いハーブといろいろあるので、品種ごとに対応する。

③増やし方…一年草は種を採取し、種まきで株を増やす。多年草の場合、挿し木あるいは株分け、あるいは種を採取して、種まきで増やす。

2 ビアハーブを使ったビールの特徴とビアハーブ栽培のコツ

ここでは、表2―5（54ページ参照）で番号をつけたハーブに関して、ビールへの適用と簡単な栽培方法を述べる。また、これらの代表的ハーブに加えて、筆者が家庭菜園で栽培した経験があるハーブ、あるいは購入してビールに加えたことのあるハーブの特徴とビールに適用するときの留意点などを、表2―7（58～59ページ）に示した。また、毒性などの危険性があるハーブもあるので、危険性と、特に摂取に注意する人を表2―8（60ページ）にまとめた。

香りづけのハーブ

リーフ系のハーブの多くが、香りづけと風味づけに使うことができる。ただ、いくつかのリーフ系ハーブでは、熱を加えるとせっかくの香りが蒸散してしまう恐れがある。そのようなハーブの場合、麦汁の煮沸時に投入してはいけない。ドライホッピング法（129ページ参照）のように、発酵の後半以降に投入する。香りが飛びやすいハーブとしては、ドクダミの葉やレモングラス、シソなどがある。

また、香りづけや風味づけに使うハーブでは、同目的のホップとの競合も考えなくてはならない。ハーブの香りそのものを生かす場合、ホップは、例えばマグナム種のようなビターホップのみを用いるべきだろう。ただ、もちろん、クリスタル種やカスケード種のような柑橘系の香りのホップとの相乗効果で新たな香りを楽しむのも面白い（ホップの品種に関しては24〜25ページの表2—1参照）。

①ローズマリー（写真2—18）

ビールへの適用　ホップを使用する以前のグルート（30ページ参照）時代では、最も重要なハーブの一つであった。ホームブルーで使用する場合、木質の枝のついたままのローズマリーをさっと洗って、麦汁煮沸の後半に直接、投入すればよい。投入量は、枝を含めてビール完成量1ℓに対して、1〜10g程度。香りづけよりもむしろ風味づけに使用するのがよく、ビールを口に含んだときに、かすかにローズマリーを思い出す程度がよい。ドライホッピング法（129ページ参照、ホップといってもここではハーブのこと）も可能である。

このハーブが便利な点は、年中収穫できることである。つまり、真冬に醸造するビールでも新鮮なローズマリーが使えるということである。また、ハーブの中では最も抗酸化作用が強いといわれており、ビールの

写真2−18
ローズマリー

備考	注意点
ボッタム（つぼみ）は食用、花は巨大、草体も大きい	妊娠中、授乳期間中は控える
マウスウォッシュに使用	
伊吹山原産	
別名ワイルドマジョラム	
長く煮沸すると渋味が出る	
栗きんとんの着色	
グルートの原料	
乾燥した花を使用。アルカリ性下では青色を呈色	
リーフ（葉の別名はパクチー）はカメムシに似た匂い	
グラスに直接木の芽を入れるのが最も香り高い	
香りが弱い	
ドライで使用	皮膚炎、高熱、出血症状がある場合は使用を控える。胆石がある人は医師に相談が必要
砂糖より遥かに甘い＼投入量に注意	多量の摂取は控える
草勢強く雑草化しやすい	
ローズマリーに次ぐ抗酸化作用	妊娠中は控える
投入多すぎると後味が悪い	妊娠中、高血圧の人の長期常用は控える
香りが飛びやすい	
香りが薄い	妊娠中は多量の使用を控える。乳幼児は使用不可
グルートの原料	
果実は潰れやすい	
乾燥した葉のほうが香りがたつ	
草勢強く雑草化しやすい	
スコットランドでは古代から醸造に使用	
特にレモンの香り	青酸を微量に含むので、多用は避ける
グルートの原料	妊娠中の人やキク科にアレルギーある人は避ける
ダーク系のエールで使用	妊娠中、授乳期間中は避ける。肝臓疾患、高血圧症、腎不全、糖尿病の人は適量を守る
いわゆるホースラディッシュ	胃粘膜の炎症、腎障害がある場合、4歳以下の小児の使用は控える
香りが飛びやすい	妊娠中は避ける
他のミントと交配しやすい	
グルートの原料	妊娠中、高血圧の人は使用量に注意し、長期常用は控える

表2－7　**ビアハーブ一覧**

ハーブ名	目的	使用部位	効果
アーティチョーク	味つけ	リーフ（葉）	苦味
アニス	味つけ	シード（種）	甘味＼スパイス的な香り
イブキジャコウソウ	香りづけ	リーフ	ムスク（麝香）のような香り
オレガノ	香りづけ	リーフ	スパイシー（香辛料が利いている）
カモミール	香りづけ	フラワー（花）	リンゴの香り
クチナシ	色づけ	フラワー	黄色に呈色
グレコマ	味つけ	リーフ	苦味
コモンマーロー	色づけ	フラワー	ピンクに呈色
コリアンダー	香りづけ	シード	クローブ（丁子）に似た香り
サンショ	香りづけ	リーフ＼実	スパイシー
シソ	香りづけ	リーフ	スパイシー
ジンジャー	香りづけ＼味つけ	ルート（根）	スパイシー
ステビア	味つけ	リーフ	甘味
スペアミント	香りづけ	リーフ	ハッカ臭
セージ	香りづけ	リーフ	スパイシー
タイム	香りづけ	リーフ＼フラワー	スパイシー
ドクダミ	薬味づけ	リーフ＼ルート	スパイシー
バジル	香りづけ	リーフ	爽やかな香り
フェンネル	味つけ	シード	カレーの香り＼甘味
ブラックベリー	味つけ＼色づけ	リーフ＼フルーツ	タンニン（渋味）＼赤色に呈色
ベイリーフ	香りづけ	リーフ	スパイシー
ペパーミント	香りづけ	リーフ	ハッカ臭
ヘザー	色づけ	フラワー	紫色に呈色
ベルガモット	香りづけ	リーフ	シトラス（柑橘類）の香り
ヤロウ	味つけ	リーフ	苦味
リコリス	味つけ	ルート	カラメル風味
レホール	味つけ	ルート	スパイシー
レモングラス	香りづけ	リーフ	レモンの香り
レモンバーム	香りづけ	リーフ	レモンの香り
ローズマリー	香りづけ	リーフ	スパイシー

表2－8　注意を要するハーブ

ハーブ名	危険性	摂取に注意する人
アンジェリカ	発癌性の疑い	妊娠中、糖尿病の人
エフェドラ	心臓発作、不整脈	拒食症・過食症、緑内障の人
コルツフット	肝毒性	妊娠中、授乳期間中の人
コンフリー	肝毒性	妊娠中、授乳期間中の人
サッサフラス	神経毒性	妊娠中、授乳期間中の人
センナ	下痢	妊娠中、授乳期間中、慢性便秘、腸閉塞、炎症を伴う症状の人、12歳以下の小児
タンジー	毒性	妊娠中の人
ナツメグ	幻覚作用	妊娠中の人
バターバー	肝障害	
バレリアン	眠気、肝毒性	妊娠中、授乳期間中の人、運転者、作業者
ヒソップ	葉にペニシリン産出カビが繁殖	妊娠中、高血圧の人
ブラダーラック	甲状腺機能障害	妊娠中、授乳期間中の人
ベトニー	葉と根に毒性	
ペニーロイヤルミント	毒性	
ペリーウィンクル	有毒（アルカロイド）	
マグワート	毒性	妊娠中、授乳期間中の人
ルー	葉や茎で皮膚炎	妊娠中、肝機能不全の人

酸化を多少なりとも遅延させてくれるかもしれない。個人的な感想ではあるが、自家製ホップのカイコガネとの相性が抜群である。

栽培　シソ科の常緑低木で、匍匐性と立性のものがある。立性では１ｍに達する。苗の植え付けは、大きさを考慮して比較的ゆとりを持って植える。植え付け時期は、３～５月、８～10月。施肥は元肥も追肥（１回／半年、化成肥料〈８―８―８＝チッソ・リン酸・カリの成分比〉）も控えめにする。水やりは、乾燥気味にする。

病害虫　ほとんど病害虫はつかない。

増やし方　春または秋に、挿し木で増やす。花芽がついていない、その年に伸びた枝を10㎝程度切って挿し木にする。挿し木の根側の基部３㎝程度から葉をとり、そこを水に浸す。次にその部分に粉状のルートン（発根促進剤）を、薄い層になって付着する程度にまぶし、それをそのまま土中に挿し木する。挿し木してから根付くまでは、土が乾かないように水やりを行なう。

②タイム（写真2―19）

ビールへの適用　タイムはグランドカバー（地面を覆い隠すために植える草丈が低い植物）で、その樹体や香りはローズマリーと大きく異なるが、ホームブルーでの使用法は似ている。それは、年中、新鮮なタイムを使える点と、また、中世のグルート（30ページ参照）に用いられていた点などである。逆にローズマリーと大きく異なることといえば、写真2―19のようにタイムは5月初旬頃、綺麗な花が一面に咲き乱れる点である。この花も、当然、フラワー系のハーブとしてビールに用いることができる。タイムは酵母の匂いを打ち消す効果がある。投入時期は麦汁煮沸後半、フラワー系のハーブとしても、リーフ系のハーブとしても、投入量は、枝を含めてビール完成量1ℓに対して、1～12g程度である。ただし、入れすぎると、ビールののどごしが悪くなるので注意する。タイムには変種がある。なかでも和系ハーブとして人気がある伊吹麝《いぶきじゃ》香草《こうそう》は、ホームセンターでもときどき販売されていて、入手もしやすい。外見はタイムとそっくりだが、香りはまるで異なる。読んで字のごとく麝香（ムスク）のような、甘い香りが葉から漂う。伊吹麝香草を香りの弱いビターホップ（22ページ参照）と用いると香水ビールができ上がる。

写真2－19
タイム

栽培　シソ科の耐寒性のある常緑低木で、日当たりを好む。苗の植え付け時期は4～5月。株間は20㎝程度。施肥は元肥も追肥（1回／半年、化成肥料〈8―8―8〉）も控えめにする。水やりは乾燥気味。伊吹麝香草も同様である。

病害虫　ほとんど病害虫はつかない。

増やし方　挿し木で増やすこともできるが、株分けが簡単である。両手ですくえるくらいの株を、スコップを使って切り分ける。ただし、それほど深く切り分ける必要はなく、3〜5㎝の深さでよい。植え先でも同程度だけ土を掘り、移植したら水をたっぷり与える。

③バジル（写真2―20）

ビールへの適用　ローズマリーやタイムと異なり、ビールづくりの伝統的なハーブではない。

イタリア料理のパスタやピザでは、よく切り刻んでいないホールの葉を使う。昔から乾燥したバジルも売られている。家庭菜園用としても人気がある。

バジルをホームブルーで使用するときの留意点は二つある。一つはなるべく摘んだばかりの葉を使うということである。新鮮なバジルは香りも爽やかでスパイシーな香りをビールに与えるが、乾燥したものだと香りの質が変わる。バジルは保存のため乾燥するのも一般的だが、乾燥すると香りもかなり薄くなる。もし乾燥したものを使用する場合は、新鮮なものよりも多く投入する必要がある。また、もう一つは、リーフ系ハーブの中では、新鮮なものでも、相対的に量を必要とすることである。ビール完成量1ℓに対して、少なくとも3gは投入しないとバジルの風味が感じられないであろう。バジルの投入時機は煮沸を終える5分前くらいである。

栽培　シソ科の寒さに弱い一年草である。植え付け時期は4〜5月頃である。日当たりを好む。一カ所に数粒の種をまき、発芽後、徐々に間引いて、一株にする。乾燥には弱いので水切れを起こさないよう注意する。施肥は、元肥も追肥（1回／月）も化成肥料（8―8―8）でよい。

病害虫　ヨトウムシがつきやすい。昼間、ヨトウムシは根の近くの土中にいる。農薬を使わない場合、土中を探して除去する。農薬を使う場合、土壌に直接、粒剤をまくだけのオルトランC粒剤などが使いやすく有効だが、実際に使用する際は、商品に書いてある説明を必ずよく読んで、記載内容に従って使用するように注意する。

④カモミール（写真2―21）

ビールへの適用　フラワー系の香りづけハーブの代

表である。香りづけといいつつ、花を煮出すと存外渋味がある。一年草のジャーマンカモミールと多年草のローマンカモミールがあるが、家庭菜園ではローマン種のほうが便利だと思われる。

このフラワー系ハーブは、実は知る人ぞ知るベルギービールの「セリスホワイト」の隠し成分といわれている。また、中世ヨーロッパでは、マム（MUMM）エールと称されるビールづくりに使われていたらしい。投入時機は、香りづけにする場合は、新鮮な花を煮沸後半に投入する。投入量は、完成ビール1ℓ当たり1～10g程度。リンゴに似た香りがする。

栽培　キク科の耐寒性のある一年草（ジャーマン種）、あるいは宿根草（ローマン種）である。草丈は20～50cm。暑さに弱く多湿を好む。また、日当たりを好むが、夏場は直射日光を避けたほうがよい。移動できるように、鉢植えか小型のプランターに植えることを勧める。

苗の植え付け時期は、3～5月と9～10月。露地に植える場合、ジャーマン種では30cm、ローマン種では20cm程度の間隔で植え付ける。

元肥は、一株当たりひとつまみの化成肥料（8―8―8）でよい。また、成長期に追肥は月1回程度、リン（P）の多い花実用の肥料（例えば、チッソ・リン酸・カリの成分比が6―40―6のもの。マグァンプK小粒など）をひとつまみ与える。もちろん、花実用の肥料にはさまざまなものが市販されてい

写真2－20
バジル

写真2－21
カモミール

るので、購入した肥料に書いてある説明内容に従って使用するように注意する。

水やりは土の表面が乾かない程度に与える。特に開花時には水を切らしてはいけない。冬場は土が乾いてから水を与える。

病害虫　アブラムシがつくことがある。前述のオルトランC粒剤（62ページ参照）は、アブラムシにも効果がある。

⑤コリアンダー（種）（写真2—22）

ビールへの適用　人によっては、「えっ、あのカメムシ臭のパクチーをビールに」と思うかもしれない。しかし、ベルギービール、中でもベルジアンホワイトスタイルのビールには、コリアンダーとオレンジピールは必ず入っている。そもそも、葉はカメムシ臭だが、シード（種）は葉のようなクセのある芳香はなく、もっとスパイシーな香りである。ハーブティーに使うと、そこそこの甘味があるが、ビールに使うと甘味はよくわからない。

シード系ハーブの場合、種をそのまま投入するのではなく、少しばかり砕いてから投入する。投入時機は、苦味づけホップと同じく、煮沸開始から加え、煮沸中ずっと煮出す。投入量は完成量1ℓに対して、3〜10g程度である。

栽培　セリ科の一年草。同じセリ科のフェンネルとは交雑してしまうため、フェンネルの近くには植えられない。日当たりを好むが、やや日陰の場所でも栽培可能である。草丈60cm程度であり、鉢やプランターを使った栽培も充分可能である。直立性はあまりよくないので、支柱で支えるのが無難である。種まき時期は、

写真2−22
コリアンダー

3～4月。花は6月には開くので、生育サイクルが短い。土に元肥として緩効性の油粕と普通の化成肥料（8―8―8）をひとつまみずつ混ぜ込んでおけば、追肥を与える必要はない。水やりは、水を好む性質なので、土の表面が乾いたらたっぷりと与える。ただし、あまり過湿になると根腐れを起こすことがあるので注意する。

病害虫　ヨトウムシによる葉の食害やアブラムシの発生が見られる。農薬を使用する場合は、前述のオルトランC粒剤（62ページ参照）で効果がある。

増やし方　種を採取して増やす。

シード（種）の収穫　ビールづくりに使う種を収穫する場合は、完熟して茶色くなってから行なう。種が茶色くなってきたら茎ごと刈り取り、風通しのよい場所でよく乾燥させ、その後、図2―8のように、茎を吊り下げ、下にビニールシートなどを敷いて落下する種を受ける。収穫する株が少ない場合は、ビニールシートではなく、レジ袋などのビニール袋で、種を受けてもよい。なお、しっかりと乾燥させておかないと、種にカビがつくことがある。密閉容器に入れて保存する。

味つけまたは薬味づけのハーブ

ホップであれば、味つけイコール苦味づけである。しかしハーブでは、味つけは、必ずしも苦味づけとはならないので、ここではあえて味つけという言葉を使った。確かに、大半のハーブによる味つけは苦味づけだが、存外、甘味づけのためのハーブも多い。リーフ系ハーブではステビア、シード系ハーブではフェンネル、ルート系ハーブではリコリスなどが甘味づけの

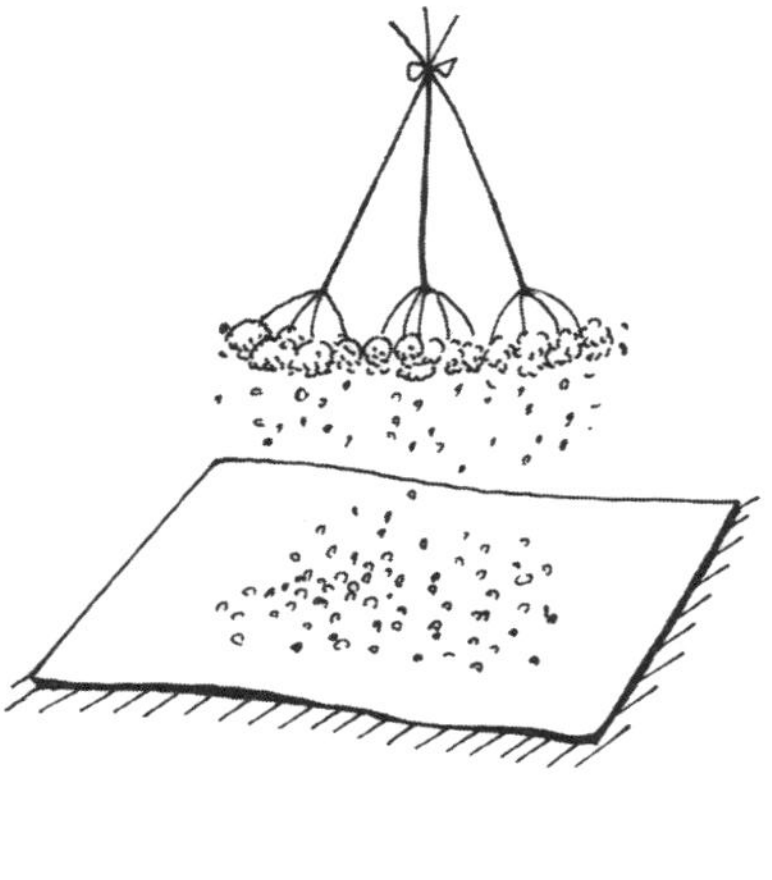

図2―8
種の収穫

代表であり、いずれも単位重量当たりの甘さは砂糖より高い。一般的に、糖類は酵母で発酵されてアルコールになり甘味を失うのだが、ここにあげるハーブの甘味の素は、いわゆる糖ではないため発酵されず、そのまま発酵後にまで甘味が残存する。

苦味づけのハーブも、相当数、存在する。苦味づけの場合、ホップからの苦味との兼ね合いもあり、個性を出すのは存外難しい。

⑥ステビア（写真2—23）

ビールへの適用　ステビアはものすごく甘い。新鮮な葉の縁を少しかじれば、その甘さに驚愕する。甘いビールなんてと思うかもしれないが、ビアカクテルなど、結構甘いものが多い。カクテルにせずとも甘いビールをつくるには、このステビアはもってこいである。なお、ステビアの甘さの成分は、ステビオサイドである。

新鮮な葉の投入時機は、麦汁煮沸半ば以降である。投入量は、ビールの完成量1ℓに対して、1～3g程度である。入れすぎると極度に甘くなる。実際、かつて筆者はステビアを使い、相当甘いビールを醸してしまい、他のビールとカクテルにした。それでも甘かった。ただ、口に含んだとき、多少羊肉のようなフレーバーが出る。香りづけホップを増量すべきかもしれない。

栽培　キク科の多年草。日当たりを好むが極暑の下では弱る。また、冬場の凍結や霜も避けなければならない。

プランターでも、草丈は存外高く、1mぐらいにはなるが、直立性はそこそこよい。しかし、強風に煽られると倒れてしまうので、その防止のために、支柱を立てたほうがよい。植え付けの際の元肥は、緩効性の油粕と普通の化成肥料（8—8—8）をひとつまみずつ混ぜ込んでおく。また、追肥として、1カ月に一度はひとつまみ分ほどの化成肥料（8—8—8）を与える。水やりは、乾燥が苦手なため、特に成長期は、土の表面が乾いたらたっぷりと与える。冬は休眠しているので水やりの回数を少なくし、乾かし気味にする。

病害虫　ほとんど病害虫はつかない。

収穫　成長期は葉を随時収穫して利用できる。なお、甘味成分のステビオサイドの含有量が一年のうちで一番多くなるのは、花が終わった後、10月下旬～11月上旬なので、保存するには、この時期に収穫するのがよい。風通しのよい日陰で充分乾燥させた後、保存すること。

⑦ヤロウ（写真2―24）

ビールへの適用　セイヨウノコギリソウとも称する。写真では小さく花も咲いていないが、高さはほぼ1ｍになる。冬は枯れるが多年草である。夏になると白い花や、品種によっては黄色の花を咲かせる。

ホップが一般的になる以前の代表的な苦味づけハーブで、中世のグルート（30ページ参照）にも使われていた。

リーフ系ハーブとしてもフラワー系ハーブとしても苦味づけに使用でき、原則として新鮮なものを用いる。

新鮮な葉の投入時機は、麦汁煮沸の初期である。つまり、苦味づけホップと同じく、煮沸開始から加え、煮沸中ずっと煮出す。また、投入量は、渋くなりすぎないように控えめにしたほうが無難であり、ビール完

写真2―23
ステビア

写真2―24
ヤロウ

成量1ℓに対して、せいぜい1～2g程度である。

栽培　キク科の耐寒性宿根草。苗の植え付け時期は、3～4月で、株間は20～30㎝あけるのがよい。日当たりを好む。もともと、貧栄養の土地の植物であるため、元肥は少量の油粕を土中に混ぜ込む程度でよい。追肥は、毎年春の芽が出る直前に、化成肥料（8―8―8）をひとつまみ与える。水やりは、乾燥を好むので、極端に乾いたときのみ与える。プランターでも同様である。

病害虫　ほとんど病害虫はつかない。

増やし方　株分けで行なうが、一株に少なくとも二、三芽をつけたほうが、根つきがよいとされる。

⑧フェンネル（種）（写真2―25）

ビールへの適用　フェンネル（種）はシード系ハーブの中でも、味つけハーブの代表格として取り上げたが、香りづけにも使える。このハーブもまた、中世のグルート（30ページ参照）に用いられていたという。

フェンネルの種には、トランスアネトールという甘味成分が含まれている。ちなみに、アネトール系の甘味成分は、アニスの種にも含まれている。

シード系ハーブを用いる場合は、種をそのまま投入するのではなく、少しばかり砕いてから投入するのがよい。フェンネルの種の投入時機は、煮沸前半から。投入量はビール完成量1ℓに対して、5～10g程度がよい。煮沸しているとカレーのような香りがするようになる。また分量がやや多いと、できたビールに漢方薬的な風味がついてしまう。完成したビールでは甘味はそう強くは作用せず、かすかに感じる程度である。

栽培　セリ科の多年草。草丈は80㎝～2mで支柱が必要となる。日当たりを好む。種まき、あるいは苗の

写真2―25
フェンネル

植え付け時期は、4～6月頃である。株間は60cm程度が必要。水やりは、乾燥地気味の土壌を好むので、土の表面が乾いたら与える。露地植えでは、夏に雨の降らない日が何日も続くような場合だけ、水を与える。施肥は春と秋の年2回、株元に油粕などの緩効性肥料を一株当たりひとつまみ与える程度でよい。

なお、フェンネルは、コリアンダーとは交雑してしまうため、近くには植えてはいけない。また、フェンネルは、トマト、豆類の成長を阻害するので、これらの近くにも植えてはいけない。

病害虫　害虫としてカメムシがつくので捕殺する。

増やし方　株分けして増やす。あるいは種を採取して種まきで増やす。種の発芽率は高いといわれているので、種で増やすのがお勧めである。なお、種まきの時期は4月と9月が最適期である。

シード（種）の収穫　コリアンダーと同様、種が茶色くなった頃、茎ごと刈り取り、風通しのよいところで乾燥し、図2―8（65ページ参照）のように吊り下げ、下にビニールシートなどを敷いて、落下する種を受ける。

色づけハーブ

ビールをハーブで色づける例は、極めて少ない。食品着色用の青色色素の原料はクチナシだが、クチナシの色素は、元来黄色く、化学的に変性が行なわれることで青く変色している。この青色の食用色素を用いたクラフトビールが北海道の網走にある。「流氷ドラフト」といい、青いビールである。このビールに触発されて、なんとかホームブルーで青色ビールをと考えたのだが、うまくいかなかった。

次に述べるコモンマーロー（ブルーマーロー）のハーブティーは、美しい青色である。だが、このハーブの色素は、中性からアルカリ性のときには青色だが、酸性になるとピンク色となってしまう。しかし、ピンク色でも面白いビールである。どのようなビールにしたらピンク色が映えるのか？　それがまさに、ハーブによる色づけのテーマである。

なお、コモンマーロー以外の色づけハーブも、表2―7（58～59ページ参照）の中に記載した。

写真2―26
コモンマーロー

⑨コモンマーロー（写真2―26）

ビールへの適用　コモンマーローの呈色性は、花びらの中に含まれている成分で生ずる。その呈色性を確認するのは簡単である。収穫した花を乾燥させ、そのままの状態でグラスに入ったビールに直に入れればよい。すぐに花の周りが強いピンク色に染まる。だんだんに全体に色が混ざって、独特の色となる。そう、ルビーのグレープフルーツのような色である。ビールは酸性の飲料であることが、改めてわかる。なお、乾燥させていない生の花をビールに入れても、花びらの表面がビールを弾いてしまうため、変色しない。

コモンマーローは原則として、ドライホッピング法（129ページ参照）で投入する。投入量は色を見つつ、通常はビール完成量1ℓに対して、3～10g程度である。なお、コモンマーローには香りはないはずなのだが、筆者の経験では、甘く爽やかな香りが加わる。

栽培　アオイ科の多年草。冬は地上部が枯れる。草丈はかなり大きく2mになる。葉も大きい。購入したての小さな苗からは想像しにくい大きさになるので、植え付け場所は、草体が大きくなる前提で考える必要がある。日当たりと風通しのよい場所を好む。植え付けの際の元肥は、緩効性の油粕と普通の化成肥料（8―8―8）をひとつまみ混ぜ込んでおく。追肥としては、開花前に通常の化成肥料ではなくリン酸分が多い花用の肥料（6―40―6、例えば、マグァンプK小粒）を一株当たりひとつまみ与える。水やりは、乾燥にはある程度強いので、露地栽培では植え付け時以外ほとんど必要なく、また鉢植えやプランター栽培では土の表面が乾いたらたっぷりと水を与える。

病害虫　害虫としてアブラムシがつくので注意する。

3章

手づくり麦汁・自家製ホップでビールをつくる

1 ビールづくりに取り組む前に

1 だれでも麦汁づくりから ビールをつくれる！

「とりあえずビール」の道具と材料

本節のタイトルは「ビールづくりに取り組む前に」であるが、いきなりタイトルに反して、「とりあえずビール」を試しにつくってみよう。しかし、知識もテクニックもないし、まして醸造道具など何一つ持っていないので無理と思うかもしれない。しかしまったく問題ない。まず、これから示す手順通りにつくればよい。しかも、圧力鍋料理、例えば豚の角煮をつくるよりも簡単である……と思う。

各手順で何が起こっているのか、それは一度つくった経験があると、圧倒的に理解しやすくなる。そうは言っても、醸造道具が手元にないと、逡巡される方もいるだろう。いやいや、鍋とザルとレードル（おたま）、あるいは網ジャクシとメジャーカップ、それにキッチンタイマーと温度計と秤があれば充分。特殊な醸造道具は、写真3―1を見てわかるように、必要ない。もし足りないものがあれば、近所のスーパーかホームセンターでそろえればよい。

ただし、原料の麦芽、つまり、発芽大麦とホップだけは、残念ながら近所で調達というわけにはいかない。もし、本書を読んで、すでにホップを栽培し、かつ収穫していれば、それを使うのが当然ベストである。

では、原料の麦芽の調達からはじめよう。あるいは運よく近所のスーパーで発芽大麦が手に入るかもしれないが、その可能性は低い。ここでもネットショップを使うのが無難である。アマゾン、楽天、あるいは検索エンジンで「麦芽　販売」とか「麦芽　ホームブルー」

とでも入力すれば、いくつかの通販サイトが見つかるはずである。元来、麦芽は水飴づくりの原料であるので、手に入らないはずはない。推奨としては、ホームブルーを扱っているネットショップである（ブリューランドなど）。

そこでは、醸造用のいくつかの麦芽が売られている。いろいろ種類があって迷うかもしれない。産地やメーカーはどこでもよい。ただ、ベースモルトか、エールモルト、あるいはピルスナーと書かれたものを購入する。クリスタルとかローストと書かれたものは、今は、やめておこう。最低購入量は100gだが1kg以上の購入をお勧めする。1kg当たり数百円なのでブランド米よりはずっと安い。ただ、ここでの試醸では200gもあれば事足りるので大部分は残ってしまう。でも、心配御無用。一度経験すれば、すぐに、より本格的につくりたくなるので、手元に麦芽があるほうが助かることになる。

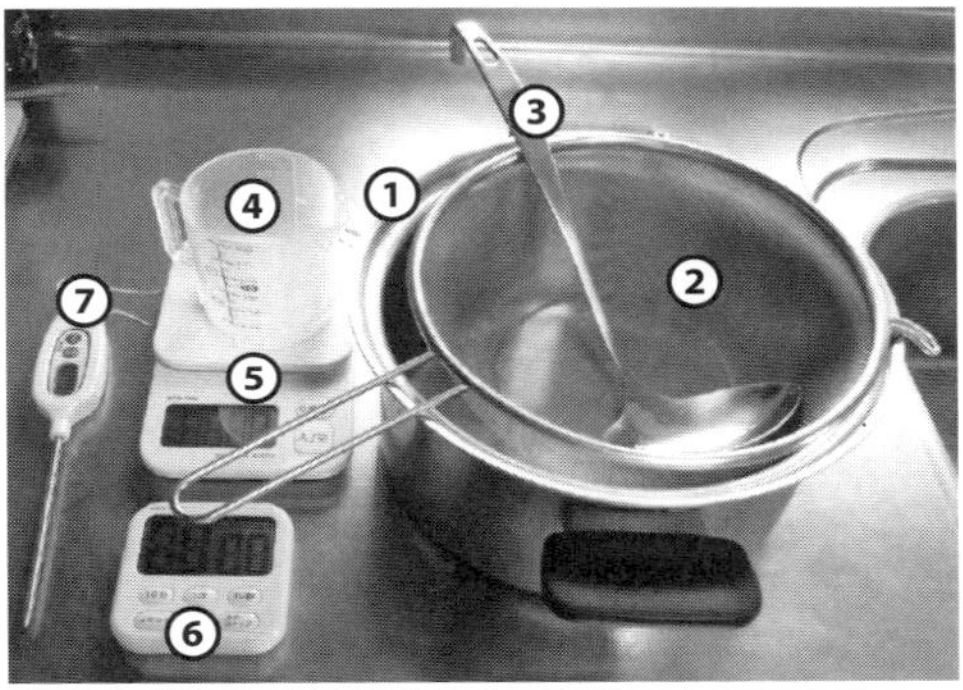

写真3−1 **調理器具**
①鍋、②ザル、③レードル、④メジャーカップ、⑤秤、⑥タイマー、⑦温度計

専門のネットショップでは、麦芽の種類にホール（丸粒）とクラッシュ（ひきわり）があるが、お金を惜しまなければクラッシュをお勧めする。ホールの場合は、自分でクラッシュしなければならないだけのことなのだが。クラッシュの方法は後述するとしても、電動のミルがないと、存外労力が必要で面倒である。

同じサイトでホップも購入できる。いろいろ品種があるが、まずは表2―1（24～25ページ参照）でデュアルと記したものがつくりやすい。アロマホップでもファインアロマホップでもビターホップ（22ページ参照）でも構わない。購入はペレットとなるが、新鮮なホップを使いたければ、収穫ができるまで待とう。

麦芽とホップが入手できたら、残りの材料はすべて近所のスーパーなどで入手できる。以下、入手するものと、そのときの留意点である。

500㎖ペットボトル入り天然水…ナチュラルミネラルウォーターがよく、銘柄は問わない。この500㎖のペットボトルを一次発酵タンクとして用いることと、中味を仕込み水に用いるのが目的である。コンビニによくある手でつぶせるタイプのペットボトルは好ましくない。自動販売器でよく売られているハードなものがよい。ペットボトルのフタは捨てないように注意。

もちろん水道水でも問題はない。水道水でつくる場合、炭酸飲料のペットボトル容器を2本準備する。なお、温泉水と炭酸水は仕込みには使えない。

500㎖ペットボトル入り炭酸飲料の容器…銘柄は問わない。コーラでもサイダーでもよい。ただし、ボトルの底が圧力容器タイプのものであることが必要である。通常、炭酸飲料のペットボトルの底は圧力容器仕様になっている。清涼飲料水のペットボトルの底と比べてみれば、一目瞭然である。平坦な角がなく、丸みを帯びているはずである。中味はビールづくりに必要ないので、麦汁づくりや煮沸をしている最中に、喉がかわいたら飲んで消費してしまおう。前述のように水道水で仕込む場合には、このペットボトルを2本用意する必要がある。

アルコール除菌スプレー…今や、まな板を除菌する場合の代表選手であるので、入手できないことはまずないと思われる。消臭剤入りや天然成分配合など、多少よけいな成分が入っているが、気にすることはない。ふき取り不要のものがよい。大手スーパーではプライベートブランドまである。

ドライイースト…今回は「とりあえずビール」の試醸なので、パン用のドライイーストを購入。ブランドは問わない。3gずつの分包に小分けされていて、使い切りタイプのものがよい。

氷…煮沸した麦汁を急冷するのに、多少氷が必要である。もしなければ、氷も買って冷凍庫に入れておこう。

表3―1が今回の「とりあえずビール」400㎖分の材料のレシピである。この仕込みにはおおよそ、前後の手間を含めて3時間かかる。なお、表中の補水とは、麦汁をザルで籾殻分離した後に残渣に水をかけて糖分を再抽出するときの水と、煮沸工程で蒸発した水分を補う水である。蒸発量にもよるが、麦汁の完成量400㎖を目指した場合、この試醸規模ならば、元の仕込み水量に匹敵するか、それを上回る量が必要である。当然、これは水道水でよい。

表3－1　「とりあえずビール」の材料（400㎖）

材料	分量	備考
麦芽	170g	ひきわりしたもの
ホップ	1g	デュアルタイプがよい
仕込み水	500㎖	ペットボトル1本分全部
補水	400㎖～ 600㎖	散水抽出（スパージ）と蒸発分補水
砂糖	2.4g	発泡用に添加
イースト	1 ～ 3g	分包一袋

「とりあえずビール」の手順

図3―1に「とりあえずビール」の、①秤量以降の手順の重要部分に関して、簡単な絵で示した。文章とともに参照して頂きたい。

①**秤量**…表3―1の分量分の麦芽とホップを計量する。麦芽は嵩《かさ》が大きくて驚くであろう。なお、イーストは使用直前まで開封しない。

②**麦汁づくり**…鍋にひきわり麦芽（ひきわりの手順は3章3〈119ページ参照〉を参照）を入れ、そこにペットボトルの天然水、なければ水道水を500㎖入れる。レードル（おたま）でかき混ぜると、水が不透明で濁っていることがわかる。まず、これをコンロにかけ、50℃で30分間保つ（写真3―2）。

温度計をにらみながら、コンロの火を着けたり消したりして弱火で温度を保つ必要がある。基本的には火を着けていない時間のほうが長い。コツは保ちたい温度の直前で火を消すことである。また、昇温中は常にかき混ぜること。温度が上がりすぎたら、素早く火を消し、多少激しくレードルでかき混ぜ温

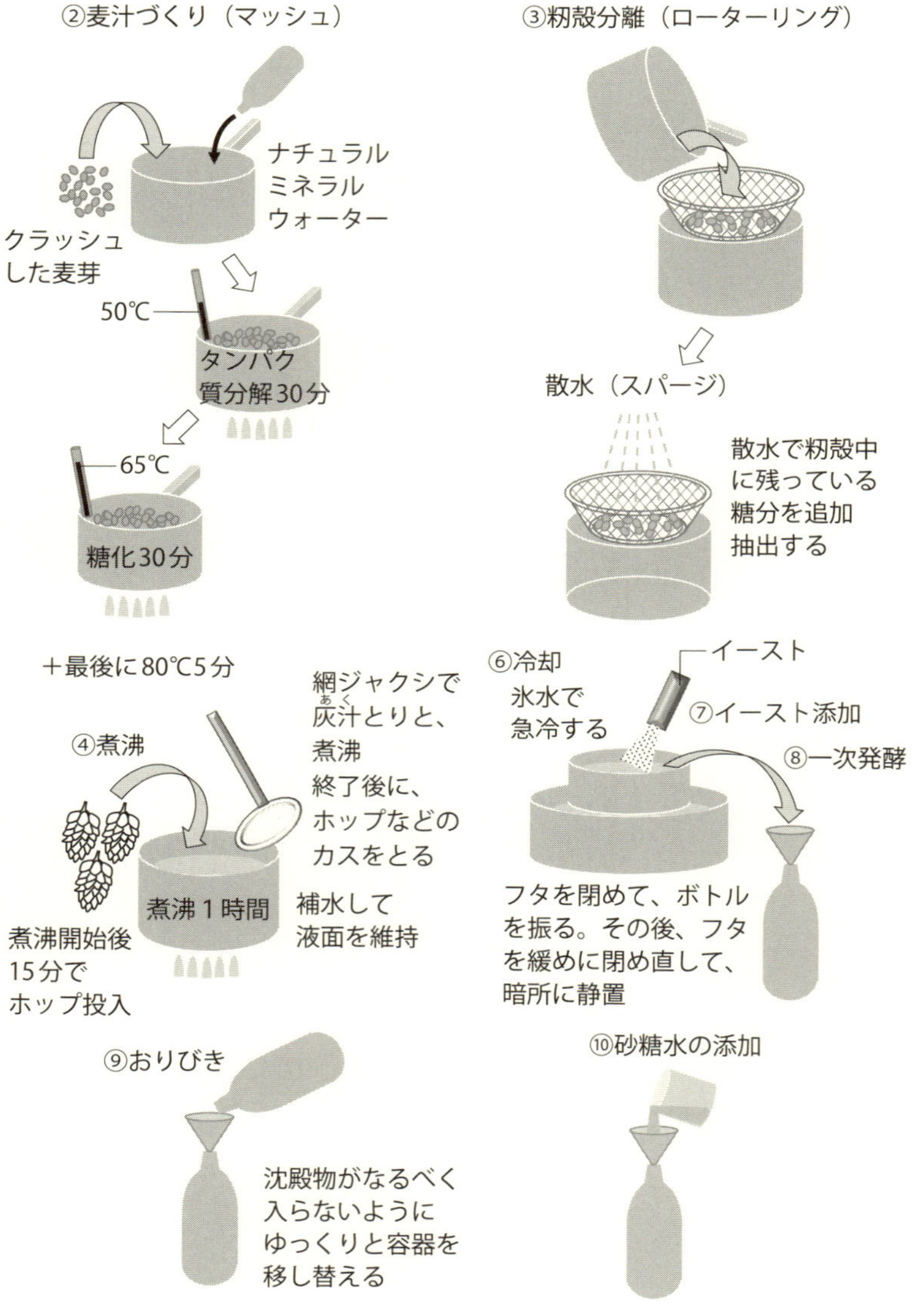

図3－1
「とりあえずビール」の手順
（図中の○付き数字は、本文中〈75 ～ 80ページ〉の○付き数字に対応している）

度を下げる。これで何とか±5℃程度の範囲内に保つことができればよい。

50℃で30分間保ったら、次は65℃（大雑把でも大丈夫）で30分間保持する。温度を保つやり方は、50℃を保ったときと同様である。ただし、ここでは温度が75℃を超えないように注意すること。はじめは濁っていた麦汁が、次第に、黄金色に色づきはじめ、多少澄んでくるのがわかる。

30分経ったら、今度は温度を80℃（正確には77℃）以上に上昇させて、5分間程度保持する。これで麦汁づくりは終わりである。麦の籾殻が入らないように、黄金色に変わった麦汁だけをレードルで上手にすくって一口飲んでみると、甘くなっており驚くはずである。

③籾殻分離…次に②でできた麦汁と籾殻を分離する。写真3―3のようにザルを別の鍋で受けて、そこにざっと②の鍋の中身をあける。ほぼろ過が完了したところで、水200㎖程度をザルの中の残りカスにかけて、籾殻中に残っている糖分を多少なりとも再抽出して回収する。図3―1では散水（スパージ）として示した。なお、このときの麦汁は濁っている。

④煮沸…③でできた麦汁を約1時間煮沸する。量が少ないので蒸発が早いため、できるだけ弱火で、フタをして煮沸する（写真3―4）。煮沸前の麦汁量を

写真3―2
麦汁づくり

写真3―3
麦汁と籾殻を分離する

写真3―4
麦汁を煮沸する

写真3―5　**アルコール除菌スプレーで除菌**

写真3―6
氷水で冷却する

写真3―7
フタを閉めてペットボトルを振る

覚えておいて、ときどき、蒸発で減った分の水を補う。また、灰汁《あく》が出たら網ジャクシかレードルで取り除く。煮沸開始から15分経ったら、ホップを1g投入する。煮沸終了後、網ジャクシで麦汁内の固形物を取り除く。ただ取り切れなくても問題はない。

⑤**除菌**…麦汁を煮沸させている間に、天然水の入っていたペットボトルの除菌を行なう。除菌は簡単で、アルコール除菌スプレーをボトルの内壁面に吹き付ける。写真3―5のように、アルコールが少し底に溜まる程度まで吹き付け、ボトルを横に傾けて回転させるなどして、その溜まったアルコールをうまく利用することで、ボトル内面の隅までアルコールで濡らしておく。フタも除菌する。ボトルに麦汁を移すときに使う漏斗、レードル、温度計など、煮沸後の麦汁に触れる物は、すべて除菌する必要がある。いずれもアルコールを拭き取る必要はない（写真3―5）。

⑥**冷却**…④で使用した鍋より1回り大きな鍋かボールか桶に氷水を張っておき、そこに④の鍋をつけて麦汁を急冷する（写真3―6）。

⑦**イーストの添加**…麦汁の温度が35℃を下回ったら、麦汁の中にドライイースト（分包3g）を全量投入する。少しレードルでかき回すとよい。

⑧**一次発酵**…⑦の麦汁を除菌したペットボトルに移す。

このとき、こぼれないように注意するが、できるだけ勢いよく注ぎ入れる。注ぎきったらフタをギュッと締めて、ボトルを3回程度よく振る（写真3―7）。その後、フタを少し緩め、遮光できるよう袋か箱に入れたり、段ボールの箱を被せたりして放置する（写真3―8）。

　このとき、放置場所の温度は20℃以上が必要で、できれば25℃以上30℃以下が好ましい（冬場は暖房の傍）。2～4時間ほどで麦汁の上部に泡が溜まり、イーストが活動開始したことがわかるはずである。イーストの活動開始後、ときどきボトルの側面を持って、ボトルがパンパンに張らないように、フタの締め具合を調整する。もし、ボトルが張っていたらフタを緩めてガスを逃がす。

　温度にもよるが、そのまま放置を続けると、いったん固形物が上部に留まり、さらにしばらくすると、上部の泡と固形物が消えて、下に沈殿物が生じ、麦汁が徐々に澄んでくる（写真3―9）。イーストの活動開始から36～72時間放置を続ける。

⑨**おりびき**…炭酸飲料が入っていたペットボトルを除菌する（必ず炭酸飲料の入っていたペットボトルを使うこと。ガスによる破裂の恐れがある）。

　⑧のボトルから新たなペットボトルへ、なるべく沈殿物が入らないように、静かに液を移し替え

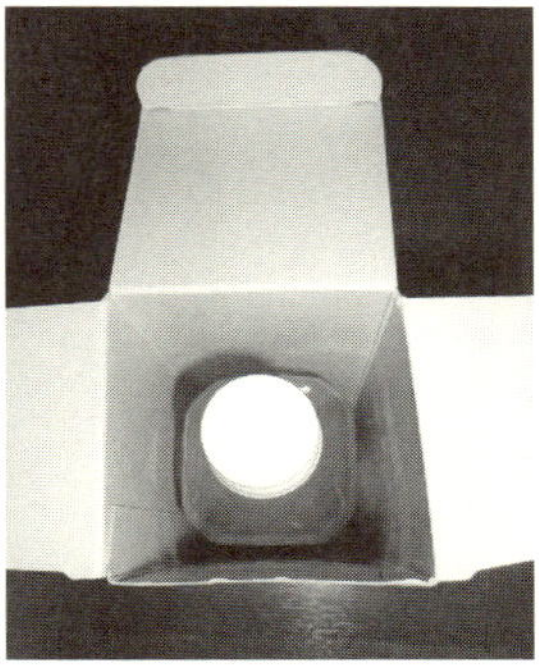

写真3－8
箱に入れて遮光

写真3－9
固形物が沈殿してくる

る。沈殿物を避けるため、結構な量の若ビール（発酵により熟成されていない、できたてのビール）を捨てることになるが、それは諦めよう（写真3―10）。もちろん、多少の沈殿物が入ってしまうのは構わない。

写真3－10
おりびきした若ビール（A）と残った沈殿物（B）

写真3－11
発泡源として、砂糖水を添加する

⑩砂糖水添加…液を移し終えたら、水50㎖を煮沸させ、そこに砂糖2・4gを投入して溶かす。これを冷水につけるなどして常温まで冷ます。冷めた砂糖水を⑨のボトルの中に注ぐ（写真3―11）。この砂糖は、次の二次発酵で、炭酸ガスの泡をつくるためである。なお、この砂糖のことをプライミングシュガーと称する。

⑪二次発酵…ボトルにフタをするが、今度はガスが漏れないようにしっかりと締める（写真3―12）。この後、遮光して25℃の環境で、まる3～5日間放置し続ける。その後、冷蔵庫に入れて冷やして熟成を

写真3－12
ボトルのフタをしっかりと締める箱に入れて遮光する

続けると、1週間で「とりあえずビール」の完成となる。

我慢できればさらに1週間は貯酒したほうがよい。冷蔵庫から取り出して開栓し、グラスに注いで飲んでみよう。ビールは澄んでいるであろうか？　発泡するであろうか？　泡持ちは？　香りは？　味は？　不快な匂い（オフフレーバー）は？

「とりあえずビール」は美味しくできたかもしれないし、あるいは失敗したかもしれない。ただ、ここでは、キッチンで麦汁をつくることができること、かつそれを発酵させられることが体験できれば、充分成功といえよう。

2 ビールづくりの工程で何が起こっているのか？

1章でビールの醸造工程の概略を紹介し（12ページ参照）、また、何が起こっているかの説明を抜きにして、「とりあえずビール」のつくり方を紹介した。読者諸氏は、果たして試みられたであろうか。もしかしたら、すでに市販のキットでビールづくりを経験ずみかもしれない。ビールづくりの経験がなくとも、近い将来、自分でビールをつくるつもりでいる方は、基礎的知識として、以下の解説を読んでほしい。

まず、はじめに、ホームブルーの工程図を図3―2に示した。読者諸氏が、今後、関連書籍やホームページ、あるいは醸造家の方に出会われたときの参考となるように、よく使われるビールの専門用語を太字にして図中に示した。以下の解説中では、よく使われる専門用語に関しては、わかりやすい言葉に置き換えて表記したうえで、専門用語もカッコつきで併記するようにしている。

麦汁づくり（マッシュ）

多少ビールに詳しい方は、麦汁づくり（マッシュ）を、麦芽中のデンプン質を糖化する工程であると捉えがちではなかろうか。しかし、糖化だけではなく、そのほかにも重要な役割が、この工程にはある。

糖化を含むこの工程のすべてにおいて、酵素が関与する反応が生じている。ここでの反応とは、大きな分

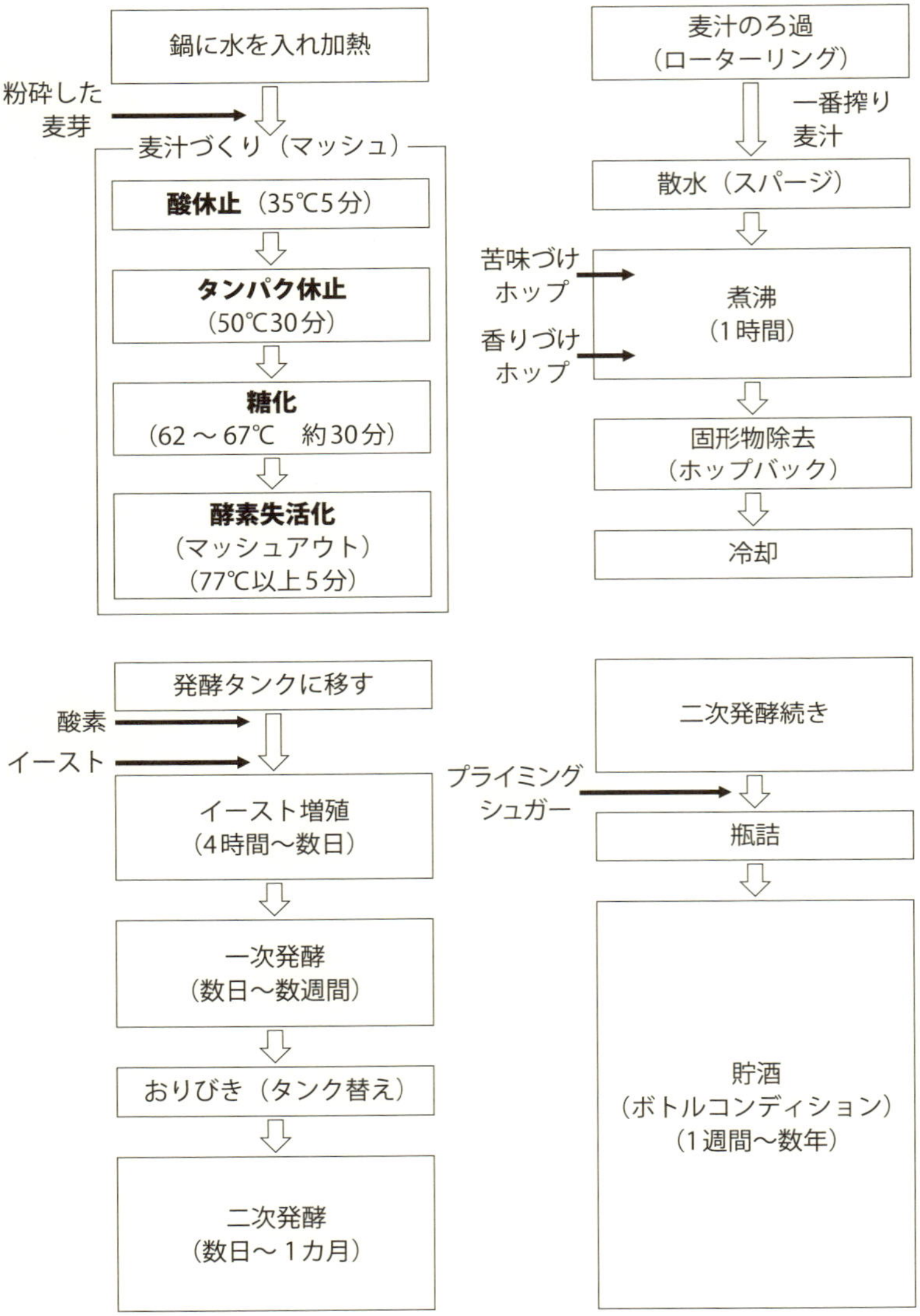

図3－2
ホームブルーの工程図

子（高分子）の結合を切断して、より小さな分子にする分解反応のことである。では、酵素とは何だろう？　大きな分子をパンにたとえるなら、酵素はそれを切るナイフといえよう。

これらの分解反応に必要な酵素は、すべて麦芽自身が持っている。1章で説明した通り（12ページ参照）それらの酵素は、麦が発芽する段階で発生する。つまり、自分で自分の身を切るナイフをつくり出しているのだ。なお、酵素（エンザイム）と酵母（イースト）とは名前が似ているが、酵素（エンザイム）は単なる化合物、一方、酵母（イースト）は、れっきとした生物であり、まったくの別物。そこでその差を明確にするため、本書では酵母はイーストと称している。

さて、図3―2の工程図の順に、つまり温度の低い段階から順番に、麦汁づくり（マッシュ）を説明しよう。

①酸休止…まず、ひきわりした麦芽に水を加えて、常温から少し昇温した35℃に保つことで最初の酵素反応が生ずる。フィターゼという酵素が、麦芽内のフィチンという物質を分解し、フィチン酸という酸を発生させる。この酸によって、加えた水は酸性となる。このフィターゼという酵素は、反応が最も活発になる温度が35℃であるため、麦芽に水を加えてこの温度に保つことを「酸休止」と称する。ただ、わざわざこのような「酸休止」をしなくても通常、麦芽内ですでに酸が発生しており、水を加えると同時に酸性となる。

しかし、なぜ酸性である必要があるのか？　それは、主として二つの理由がある。一つはこの後の工程である酵素反応が、酸性条件下で活発となるからである。また、もう一つは麦芽の外皮、つまり籾殻から、渋味をともなう収斂臭（アストリージェント）という不快な匂いと味（オフフレーバー）の素が出ないようにするためである（147ページ参照）。逆に言うと、アルカリ性の条件下であると、渋味成分が麦汁内に溶出してしまうのである。「とりあえずビール」づくりでは、この「酸休止」は省略した。

②タンパク休止…次に、50℃を30分間保つ「タンパク休止」という工程が続く。ここで活躍する酵素は、

プロテアーゼ。プロテアーゼとは、タンパク質分解酵素の総称である。タンパク質を分解するとアミノ酸が生ずるが、タンパク質を構成するアミノ酸とは一連の化合物の総称で、実は20種類ある。グルタミン酸とかアスパラギン酸とか、聞いたことがあるのではないだろうか。

肉を柔らかくするために、塩麹を肉に塗ったり、肉にキウイを乗せたりすることがあるが、これは麹やキウイが持っている酵素、つまりプロテアーゼで、肉のタンパク質を旨味であるアミノ酸に分解していることにほかならない。

アミノ酸とは、旨味成分であり、生物が自分自身を形づくるのに必須の成分でもある。イーストは生物であるので、当然、アミノ酸を必要とする。したがって、この「タンパク休止」とは、健全なイーストの増殖活動にとって、極めて重要な工程となる。

さらにまた、タンパク質が過度に麦汁に残存すると、ビールの濁りの原因となってしまう。ただし、すべてのタンパク質がアミノ酸に分解されてしまえばよいかというと、そうでもない。ビールの泡を保持することに、ホップから生ずるイソアルファ酸とともにタンパク質が、重要な役割を果たしている。

ではどの程度タンパク質を分解すればよいのか。その制御が50℃の保持時間なのである。これは経験的に30分がよいとされている。時間過剰で分解しすぎてしまったらどうなるのか？　大丈夫、麦汁づくり（マッシュで）では、どのみちすべてのタンパク質は分解しきれない。麦汁中のタンパク質の分解の程度で、それぞれ次のようにビールに影響する。

・高分子（ほとんど分解されていないタンパク質）
↓ビールの重厚さ(ボディ)と泡持ちに好影響。反対に、ビールの清透性には悪影響（つまり濁りのもと）。

・中程度の分子（中程度にまで分解されたタンパク質でペプチドという）↓ビールの重厚さ（ボディ）と泡持ちに影響。またビールに適度なタンパク質の風味を与える。

・低分子（タンパク質が完全に分解されている。アミノ酸）↓旨みの素。またイーストの餌となる。

なお、ここで、ビールの重厚さ（ボディ）とは、ビールを口に含んだときに感じるコクであるとか、風味の豊かさなどを示すときに使う言葉で、コクがあり、風味豊かな場合をフルボディ、さっぱりとして爽快な場合をライトボディと称する。

③糖化…いよいよ麦汁づくりの本命の糖化工程に進もう。62〜67℃を30分ほど保持するのである。ただし、糖化の保持時間30分間というのは、後述するが厳密なものではない（123〜124ページ参照）。

ここでの主役、つまり65℃で活性になる酵素とは、アミラーゼだ。アミラーゼとは、デンプンを分解する酵素の総称で、別名ジアスターゼともいう。聞いたことがあるのでは？ 大根おろしに含まれる。さらには、ヒトの唾液にも含まれている。

ところで、糖化とは言うが、ではデンプンとか糖とは何だろう？ アミノ酸が結合していくとタンパク質になるように、単糖という糖が結合していくと、デンプンができる。単糖とは糖として、もうそれ以上分解できない単位のことで、いくつもの種類があるのだが、単糖の三大選手をあげると、ブドウ糖（グルコース）、果糖（フルクトース）、脳糖（ガラクトース）である。これらを二つ組み合わせたものを二糖類というが、その代表が、ブドウ糖と果糖を結合させたショ糖、つまり砂糖である。そして、ブドウ糖とブドウ糖を組み合わせたもの、これこそ我らの麦芽糖（モルトース）である。

デンプンとは、このブドウ糖がいくつも複雑に結合したアミロペクチン、あるいはアミロースといわれる高分子の総称である。これを分解する酵素が、まさにアミラーゼなわけだ。これらの高分子をど真ん中で切断しても、麦芽糖は生成しない。半分でも、まだまだ分子として大きい。

このように、デンプンを所構わず真っ二つに切断する酵素をアルファアミラーゼという。一方、デンプンの高分子をとにかく、端から、単糖、二糖ないし三糖分ずつ切断する酵素を、ベータアミラーゼという。後ほど説明するが、イーストが発酵に使える糖というのは、主として三糖類以下なので、ベータアミラーゼが切断したものはすべて使える。一方、アルファアミラーゼが一刀両断にしたものは、デキストリンと称するが、デキストリンのままではイーストは発酵できず、ビールの重厚さ（ボディ）（84ページ参照）の元となっていく。

であれば、ベータアミラーゼだけに頑張ってもらえば、と思うかもしれないが、そうではない。ベータだけでは時間がかかってしまうからだ。このアルファとベータ、最活性温度が微妙に異なる。アルファは67℃、ベータは62℃である。

ここからが、ホームブルーワーとして重要なこととなるが、もし、さっぱりしたライトボディのビールをつくるなら、デキストリンを少なくして、デンプンをより多くの発酵可能な糖に変えるために、できるだけベータアミラーゼに働いてもらう。この場合、糖化の温度は62℃で、糖化時間は長くなる。

一方、もし風味豊かなフルボディで多少甘味を感ずるビールを望むのであれば、アルファアミラーゼをより活性にさせればよい。つまり、67℃でより短時間の糖化となる。「とりあえずビール」では、間をとって65℃にしたのである。

④酵素失活化（マッシュアウト）…酸性化、タンパク質の分解、デキストリンと発酵可能な糖の生成、以上が麦汁づくり（マッシュ）である。次の煮沸工程に移る前に、すべての酵素の分解能力を完全に消失させておく（失活）。ナイフをいつまでも保持していては危険だからである。77℃以上の温度を5分間保持することで、酵素を失活させる。

散水（スパージ）

「とりあえずビール」の試作では、ザルで籾殻と麦汁とを分離した。この分離工程は、プロの醸造所ではローターリングといい、分離ろ過する釜をロータータンといっている。ホームブルーでは、単にザルと鍋である。

分離後、ザルの中に残った籾殻に水をかけて、籾殻中に残っている糖分の回収をした。この手順を、ここでは散水と名づけたが、一般的には「スパージ」という。ちなみに、散水（スパージ）する前の最初のろ過で生じた麦汁のことを、業界では「一番搾り麦汁」といっている。

この工程で大事なことは、籾殻中に残っている糖分の回収であるが、実は糖分以外のよけいな成分まで抽出してしまう危険がある。よけいな成分とは、タンニン、シリケート、油脂、分解残りのタンパク質などである。タンニンは収斂臭といわれるオフフレーバーの原因となるし、タンパク質は清透性を損なう原因となる。

よけいな成分の抽出を少なくするには、籾殻にかける水の温度とペーハーに留意する必要がある。温度を上げすぎると当然、不要物まで抽出されるし、低すぎると糖を抽出できない。結局、76℃でペーハーは5・7が最適とされる（濃色系ビールでは6・5）。

単なる水なのに最適条件は狭く、そのようなお湯を準備することなど手間である。

多少、籾殻の中に残ってしまう糖分はもったいないが、それを諦めると、事はスムーズに運ぶ。という理由から、筆者としては、散水（スパージ）は省略して、「一番搾り麦汁」だけでのホームブルーをお勧めする。

煮沸

煮沸といえばビールづくりのハイライトの工程である。そもそも煮沸の目的は何だろうか？　ここでは、その目的を六つに分けて説明しよう。

ホップあるいはハーブの成分を煮出す目的…これは言うまでもなく、香りづけ、風味づけ、苦味づけなどのためで、ホップやハーブを投入する時機を充分見計らう必要がある。

麦汁の殺菌をする目的…これもまた言うまでもないことである。ただ、どんなに煮沸しても芽胞をつくり耐熱防御してしまうウェルシュ菌などには無効である。

不要なタンパク質を熱凝固させる目的…煮沸を続けると、麦芽やホップ由来の不要なタンパク質やフェノール類が熱凝固をはじめる。このタンパク質が除去されずに、麦汁中に溶け込んでいると、ビールに濁りを生じてしまう。そのため、熱凝固して析出させ、除去できるようにする。

熱凝固したタンパク質とホップのカスは、プロの醸造所では、煮沸工程の後、遠心分離を利用したワールプールという釜で分離除去する。ホームブルーではそれはできないが心配御無用！　ここで析出した熱タンパク凝固物は、発酵工程で次第に沈殿するので、おりびきにより除去できるようになる。

オフフレーバーを蒸散させる目的…オフフレーバーは後に詳述するが（147ページ参照）、この工程で、ジアセチル、硫化ジメチルなどを揮発させ除去する。

色をつける目的…ビールの色は一般的に使用する麦芽に由来する。製麦（12ページ参照）時に麦芽を焙煎することにより、濃色化した麦芽を「色麦芽」と称する。通常は、この「色麦芽」を使ってビールの色を調整する。それとは別に、麦汁は糖分が豊富にあり、鍋の水面際の辺りで水分が蒸発してくると、糖分がカラメル化して焦げ茶色を呈する。このカラメルとは焦げとは異なるものである。カラメル化した糖分が麦汁に溶出することで、ビールの色は濃くなる。

水分調整目的…散水（スパージ）で大量の水を加えることで麦汁濃度が薄まってしまった場合、煮沸で水分を飛ばして、濃縮する。しかし、散水（スパージ）をしない「一番搾り麦汁」だけのとき、むしろ煮沸で蒸発してしまう水分を補う必要がある。まして、「とりあえずビール」づくりのように、スケールが小さければ小さいほど、補水量は多くなる。

以上が、煮沸工程の目的だが、いかにこの工程が大切であるか、ご理解頂けたのではないだろうか。ビールのキットによっては、モルトエクストラクト（麦汁を濃縮した製品）を単に水に溶いてイーストを添加するだけのものがあるが、この煮沸工程なしでビールをつくるというのは、ちょっと寂しい。せっかくだから、モルトエクストラクトからでもぜひ煮沸しよう。

冷却

「とりあえずビール」づくりでは、煮沸後、氷水で麦汁を急冷した。プロの醸造所では冷却装置（チラー）でやはり急冷する。なぜそんなに急いで冷やさなければならないのか？

まず第一に、煮沸が終了した麦汁は、細菌に感染しやすい。早くイーストを添加できる温度にまで冷やして、イースト以外の菌に先を越されないようにしなければならない。拮抗作用といって、菌としての多数派を確保できれば、他の菌が繁殖してしまうことを防げる。だから、イーストがはじめに多数を占めるように仕向ける。そのための急冷である。

また、急冷することで、再度、不要なタンパク質の析出が見込める。急冷した麦汁を見ると、透明な液中に不透明な雲のようなものが発生しているように見える。しばらく飲まずに味噌汁を静置しておくと、汁中の透明な中に雲が発生しているように見えることがあるが、それに似た感じの状態となる。実はこの雲のように見えるものが、低温で凝固析出したタンパク質である。

この析出物も、熱凝固したタンパク質と同様、発酵中に沈殿する。これも後の、おりびきで除去することが可能である。

一次発酵

「とりあえずビール」で、麦汁をペットボトル、つまり発酵タンクに移すとき、「できるだけ勢いよく注ぎ入れる。注ぎきったらフタをギュッと締めて、ボトルを3回程度よく振る」という手順を示した。これは要するに、酸素を麦汁に溶かす行為である。

イーストは酸素のあるなしで活動の様相が異なる。

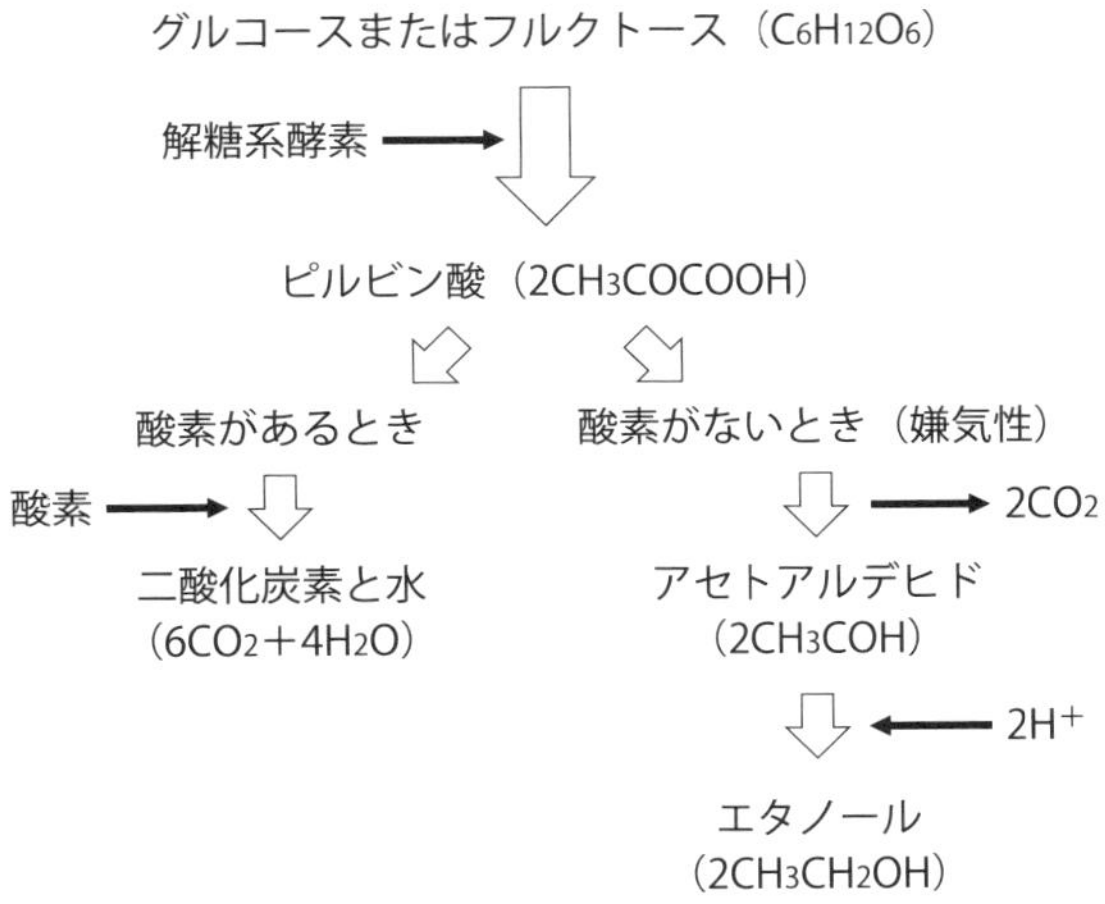

図3−3　**発酵で起こっていること**

写真3－13
爆発的に泡と固形物が発生した

酸素があるときは、図3—3の左側に示した通り、糖をエネルギーに変換するために、酸素を呼吸に使い、水と二酸化炭素を放出する。また何よりイーストは、この有酸素の環境で増殖する。初期の菌の増殖は、先にも述べた通り、拮抗作用を制するための多数派工作において、極めて重要である。そして実際、有酸素下でイーストは瞬く間に増殖する。

　また、この呼吸活動では、図示した通り、グルコースまたはフルクトース1個当たりの二酸化炭素発生量が6個と多く、発酵タンクの上部に泡と固形物が爆発的に発生する（写真3—13）。この発酵初期の段階で浮いてきた固形物や泡を初めて見た人は、やや不気味に感じるらしい。慣れると、発酵タンクに浮かんだこの泡を見ると、発酵がうまくいったと思えるようになるのだが。

　この上部の泡や固形物は、しばらくすると沈殿してしまう。ただし、下面発酵（ラガー）イーストの場合は、上面発酵（エール）イーストに比べて、沈殿までにかかる時間は圧倒的に長い。不思議なもので、ホップを入れていない麦汁の場合は、これらは沈殿しない。

　通常、泡や固形物があった高さの辺りの発酵タンクの壁面に、茶色いカスがリング状に付着してくる。これを、クラウゼンという。クラウゼンの出現は、有酸素下での発酵初期段階の終了を告げるものである。

　クラウゼンには、籾殻やホップに含まれていたタンニンが多く含まれている。これを放置しておくと、壁面から徐々に剥がれ落ちて、再びビールの中に溶け込んでしまう。そうするとタンニン由来のオフフレーバーがあるビールができかねない。したがって、クラウゼンは除去するのが基本である。その一つの手段として、新たな発酵タンクに切り替えることがあげられる。また、ブローオフ法といい、浮いてくる固形物を発酵タンクの上部に接続したチューブから、タンク外に出してしまう方法もある。さらに、瓶詰段階までまったくタンクを替えない方法もある。どの方法を選ぶかは好みによるが、瓶詰までタンク交換しない方法は、手順が少ない分、楽ではある。ブローオフの方法は後述する（146ページ参照）。

一次発酵から二次発酵への切り替え

外気と遮断している以上、いずれ酸素は消費しつくされてしまう。酸素がなくなると、イーストは図3―3（89ページ参照）に示した酸素がないときの活動を開始する。ピルビン酸までは酸素がある場合と共通である。この無酸素でのイーストの活動は嫌気性の代謝といい、この活動こそ、アルコール発酵そのものである。図示した通り、こちらのルートでは、発生する二酸化炭素の量がグルコースまたはフルクトース1個当たり2個と、有酸素での呼吸に比べると3分の1と随分少なくなる。なお、外気温によって、発酵の速度はかなり敏感に変化する。

発酵が進むにつれて、トリューブと称する沈殿物が発酵タンクの底に溜まってくる。トリューブは主として脂質からなる。脂質の原因は、イーストの代謝由来、麦芽由来、酸化したホップ由来などさまざまである。このトリューブを発酵タンクから除去すべきかどうか？　つまり、脂質を保持させるべきか否か、それが、発酵タンクを切り替えるかどうかのポイントとなる。

脂質が発酵タンク中に存在していることは、長所短所が相半ばし、どちらがよいとも言いがたい。長所というのは、イーストの栄養源になる点、および不快なエステル臭のオフフレーバーの発生を抑制したビールができる点である。一方、欠点は、ビールの泡持ちを悪くしてしまうことと、脂質が酸化してしまうと、酸化臭といわれるオフフレーバーの元になってしまうことである。筆者としては、長所よりも短所のほうが大きいと考えている。そこで、トリューブが沈降したら、原則として発酵タンクは切り替えることとしている。「とりあえずビール」の試醸では、室温25℃を想定し、

36～72時間を目安に、発酵タンクを切り替えることとした。トリューブがほぼすべて沈降した時点で発酵タンクを切り替えるためには、二つの条件が必要となる。一つは発酵タンクが透明であること。もう一つは、頻繁に発酵の様子を観察すること。この二条件を守ることは、存外難しいものである。

なぜならば、「とりあえずビール」の試醸の解説に、発酵タンクは「遮光できるよう袋なり段ボールを被せて放置する」と書いた。実はビールに光は禁物。そう短時間で発生するわけではないが、光が当たっていると、スカンク臭のようなオフフレーバーを発生させてしまう。幸い、再び遮光をすれば、次第にこのオフフレーバーは消失するのだが。だとすれば、そうそう発酵の状態など観察できないこととなってしまう。まして、年がら年中、観察しているほど暇ではないし。

ただ、発酵状態を観察するのは、結構、面白い。なんとなく、ふわふわした感じの固形物、つまりタンパク質凝固物などの一部が、イーストが発生させた二酸化炭素の気泡を身にまとうと、ゆっくりと浮上し、しばらくして気泡が脱離してしまうと再び沈んでいく（写真3―14）。これを、ゆっくりと何度も何度繰り返して、次第にタンクの底にすべて沈殿し、そしてビールが澄んでくる。浮かんでいる固形物がなくなったときが、発酵タンクの変えどきなのである。ホームブルーでは、発酵タンクを切り替えてからを二次発酵と称する。

写真3－14
固形物の浮き沈み

また、後述する醸造道具にエアーロック（97ページ参照）があるが、そこから発酵タンクの外に圧力を逃がすとき、ぽこぽこと音が出る。観察とともに、この音をしばらく聞いているのも心が和むので、ぜひとものんびりと発酵を観察して頂きたい。

麦汁内の糖が消費されてしまうと、もう発酵は進まなくなる。また、次第にアルコール濃度が上昇してくるのだが、イーストは悲しいかなアルコールに弱い。酒精（アルコール）圧迫といい、アルコール濃度が高まるとイーストは死んでしまう。酒精圧迫にどこまで耐えられるかは、イーストの菌株（種類）によって異なっている。

死んでしまったイーストは、発酵タンクの底に沈殿してくる。発酵タンクを切り替え、おりびきをしたとしても、イーストの沈殿は避けられない。

貯酒①――プライミングシュガーの効果

瓶詰後に王冠を打栓すると、原則、イーストの活動で発生した二酸化炭素は外気に逃げられず、瓶内圧力が高まり、そして、ビール中に溶け込んでいく。これがまさにビールの発泡の源なわけだ。しかし、二次発酵で麦芽由来の糖は尽き果て、かつ、イーストも凋れ果てたのでは？

確かに糖は尽きている。一方、イーストは幸い死滅してしまっているわけではない。復活のときをずっと待ち続ける状態となっているだけである。そこで、再び糖を加えれば活動再開となり、二酸化炭素を放出する。つまり、瓶で貯酒させる直前に発泡用に糖を添加するのである。この糖のことを、プライミングシュガーと呼ぶ。

ここでの糖は、イーストを発酵させるのが可能な糖であれば、種類を問わない。即効性的には、単糖類、つまりブドウ糖がよい。また、人によっては、ビールにブドウ糖や砂糖など加えたくないと考え、ここでわざわざ麦芽糖（モルトース）やモルトエクストラクト（麦汁を煮詰めて濃縮した製品）を加えたりする。気持ちはわかる気がするが、実は好ましくない。プライミングシュガーは、純粋な糖であればあるほど、二酸化炭素の溶解とわずかなアルコール濃度の上昇以外の影響をなくすことができる。モルトエクストラクトなどでは、タンパク質やアミノ酸があるため、ビールの風味を変化させてしまう。結論としては、家庭にある通常の砂糖、つまり上白糖を用いるのが最も便利である。

また、ビールキットなどの説明では、瓶に麦汁を入れてから、瓶ごとに個別にプライミングシュガーを加えることになっているが、これは相当ナンセンスである。小分けする前に、熱湯で溶いた砂糖を加えるほうが、はるかに雑菌混入の危険がなく、かつ手間も少ない。

プライミングシュガー添加後、瓶詰して王冠を打栓した後は、ただ時が経つのを待つだけとなる。もし、冷蔵庫にできたビールを入れておくだけのスペースがあれば、冷蔵庫で長期間貯酒するのがお勧めである。だめでも、できるだけ冷暗所で貯酒する。

貯酒②——ボトルコンディショニングの楽しみ

貯酒期間にどのような変化が生じているのであろうか？　発酵過程でジアセチルと称する化合物が生じてしまう。オフフレーバーの代表的なものの一つである。このジアセチルは、熟成を経ることで他の化合物に転換されていく。このような変化がいくつも生ずるのが熟成である。

この熟成期間は、エールイーストの場合で最低1週間、ラガーイーストの場合で最低1カ月間程度である。では、最長は？　実は終わりは決まっていない。

先にも述べた通り、糖が消失してもイーストはすべて死滅しているわけではない。そのような状態で、瓶内で熟成を続けることを、ボトルコンディショニングという。ボトルコンディショニングには期限という概念が存在しない。

市販のビールの多くは、大きな貯酒タンクでコンディショニングされ、瓶や缶に詰める際に、フィルターで完全にイーストを除去してしまうか、あるいは熱で死滅させてしまってから出荷される。このようなビールが美味しく飲める期限というのは、そう長いわけではなく、コンディショニングされた直後である。それは、いわゆる工場出荷直後であり、あとは劣化していくものである。劣化していくというのは、腐敗したり、有害物が発生したりして、飲めなくなってしまうという意味ではない。ここでの劣化というのは、ヒトにとって美味しくなくなる変化をするという意味である。

それらメーカー品に比べて、ボトルコンディショニングの場合、味が熟成とともに変化していくのは事実であるが、その変化が年月をかけて美味しい方向へ向かうことが多々あるといわれている。ただし、劣化するリスクもゼロではないと思われるが。

市販品でもまれではあるが、ボトルコンディショニングビールがあり、それらは、通常、2年ないし3年熟成、長ければ5年熟成が可能であることすらある。

ホームブルーの場合、ボトルコンディショニングは当たり前。自分でつくったビールを数年寝かせて、ヴィンテージ品として飲む楽しみもできる。

3 醸造道具をそろえる

ホームブルーの規模感

かつて筆者は、自家製ホップとモルトエクストラクト（麦汁を煮詰めて濃縮したもの）を使ってホームブルーをしていた。一回の仕込み量は、アメリカのホームブルーでよく行なっている5ガロン（19ℓ）の規模であった。市販されているモルトエクストラクトの缶が、アメリカからの輸入品で、当然、仕込み量の前提として5ガロンが想定されていたからである。

モルトエクストラクトを水に溶いて、6ℓの鍋で煮沸し、その後、冷水で3倍に薄める。でき上がりで18ℓ近くなる。500㎖の中瓶にして、実に36本分である。洗浄して、除菌して、すすいでと、物凄く大変な作業であった。完成したビールを、仮に週に4本程度消費したとしても、ほぼ2カ月、同じ自家製ビールを飲み続けることになる。もっと、他のビールや酒を飲みたくもなる。正直、筆者は飽きてしまった。そして、ホームブルーをしばらく休止していた。

あるとき、麦汁づくり（マッシュ）から、もう一度ビールづくりをしてみようと思ったのだが、我が家の鍋の最大サイズは6ℓ。モルトエクストラクトからの場合と異なり、煮沸後に希釈をすることはない。鍋の最大サイズは、つまり、つくることのできるビールの最大量を意味する。まして、麦汁づくり（マッシュ）をする場合、水の他に麦芽の量も含まれるのである。もしも6ℓの鍋であれば、散水（スパージ）を考慮したとしても、最大で6ℓである。そこで、でき上がる量を少なくして麦汁づくり（マッシュ）からのビールづくりに取り組んだところ、さまざまな利点があることに気づかされた。

醸造タンクなどは、専用のものを使う必要がなくなった。ビール瓶の洗浄が圧倒的に楽になった。それに伴って、塩素系消毒をやめて、アルコール除菌に変更したため、除菌の手間も楽になった。麦汁を冷却するのも、圧倒的に楽となった。一回当たりでのビールのでき上がり量が減ったため、早ければ、一週間で消費できて、次から次へと、新たなチャレンジ、例えば、新たなハーブを試してみるなど、種々の利点が生まれた。何より、醸造する規模が小さいと、思い立ったらすぐに、ビールづくりに取り組める。このような数々の利点のおかげで、筆者のホームブルーは完全復活を遂げた。

また、醸造規模を小さくしたことで、誰でもできる麦汁づくり（マッシュ）からのビールづくりの道が開けたのではと考えている。まさにそれは、本書の趣旨の一つでもある。

さらに、かつて夏場に、発酵温度が低いラガービール（下面発酵の発酵温度は15℃以下）をつくることなど想像すらできなかったが、4ℓくらいの規模であれば、小さめの発酵タンクが、冷蔵庫の野菜室に充分入るので、夏場の発酵が可能となった。これらの経験を元に、比較的少量（6ℓ以下）規模のビール醸造、言うなれば、日本的ホームブルーの方法を述べていく。

醸造道具

「とりあえずビール」の試醸では、醸造専用の道具は使っていない。つまり、ビールの醸造には、専用道具は基本的にいらない。とは言え、あれば便利な道具はある。本書では、できるだけ、キッチンにある道具を利用すること、また、ホームセンターや100円ショップで手に入るものを利用することを目指した。ただし、一部の道具は、ホームブルー商品の取り扱いのあるネット通販でしか手に入らないものもある。これらのことを前提として、以下にビールの醸造道具を紹介しよう。

鍋…麦汁づくり（マッシュ）をする鍋、籾殻を分離するときの受け皿となり、また煮沸するときに使用する鍋に、非常に便利なものとして、パスタをゆでるためのパスタパンがある。これには、コランダー（ザル）という中カゴがついている（写真3―15）。

実はこの中カゴが、籾殻の分離に物凄い威力を発揮する。もしガスコンロではなく、ＩＨ調理器を用いる場合、パスタパンもＩＨ調理器に対応するものが必要となる。

発酵容器…ホームブルーでは、発酵の様子を見る必要があるので、透明なガラス製の容器がよい。容量は、4～10ℓ程度（写真3—16）。スーパーやホームセンターで梅酒の漬込み用の広口ガラス瓶が安価に売られている。ただし、後述するエアーロックをできるだけ簡単に取り付けられるよう、写真3—16のような気密性のある中ブタつきのものがよい。おりびきを考えると2個は必要となる。1・5～2ℓのペットボトルを、発酵タンクとして使用することも可能である。

エアーロック…エアーロックとは、水を使用した逆止弁で、発酵タンクの中で発生した二酸化炭素の内圧が、外気圧および、微々たる水圧を超すと、二酸化炭素が泡となって外気に放出される。一方、外気は水で遮断されているため、タンク内には侵入できない。目的は、外気からの雑菌混入防止と、単位時間当たりに出てくる泡の数による発酵状態の確認である。特に後者は発酵の終了を知る数少ない手がか

写真3－15
パスタパンと中カゴのコランダー

写真3－16
発酵容器

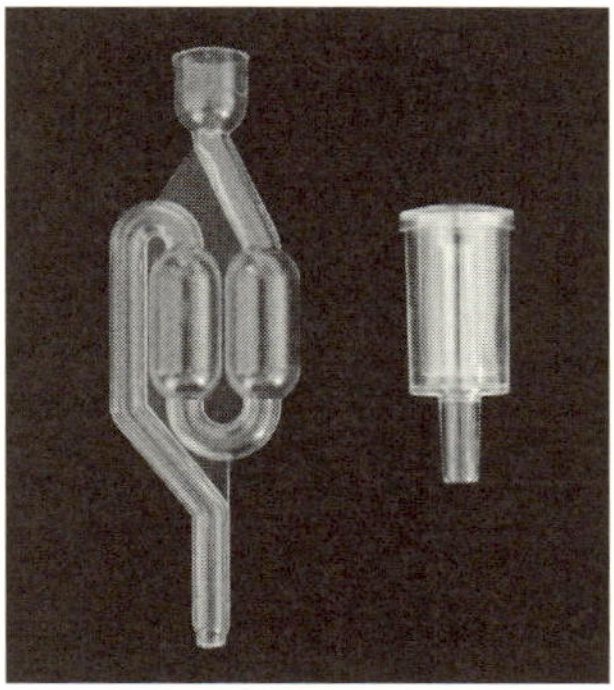

写真3－17
市販のエアーロック

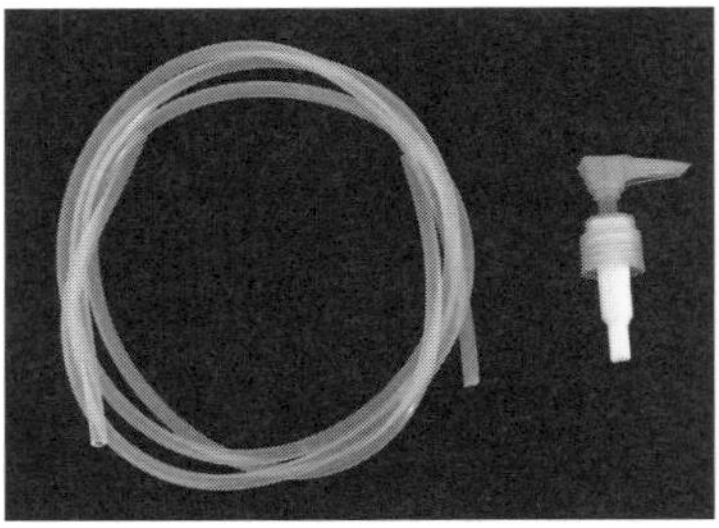

写真3－18
シリコーンチューブ（左）と
ハンドポンプ（右）

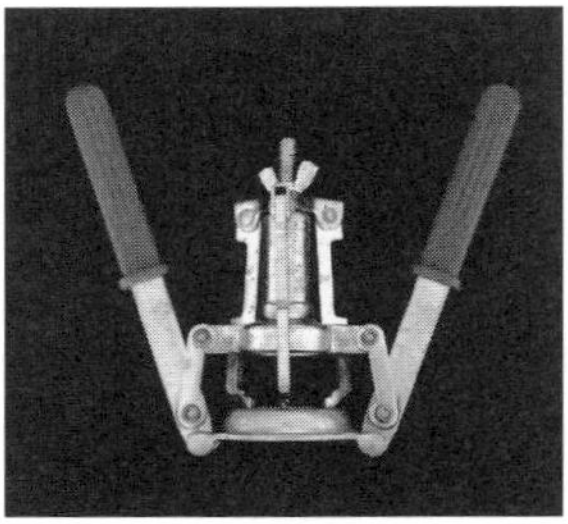

写真3－19
打栓器

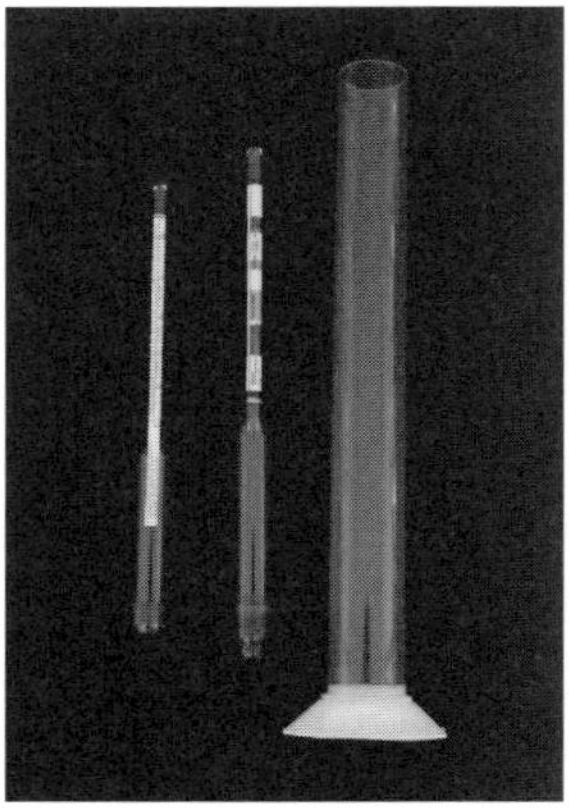

写真3－20
比重計

りとなる。写真3―17のような市販のエアーロックもあるが、ホームセンターで売られているストロー付キャップとシリコーンチューブとジャム瓶を使って家庭でつくることもできる。詳しくは後述する（146ページ参照）。

ゴム栓…写真3―16の左側の発酵容器の中ブタに、ゴム栓が挿入されているのをおわかり頂けるだろうか？　ゴム栓の中央には適当な大きさの穴があり、エアーロックを差し込めるようになっている。

シリコーンチューブとハンドポンプ…おりびきをする際のサイフォンとして利用する。ハンドポンプは、要はシリコーンチューブに接続して、ビールを吸引するポンプであり、シャンプーや液体ソープのボトルに付随しているようなポンプのことである。写真3―18は100円ショップで売られていたものである。これでも性能は充分だ。

打栓器…ビール瓶に王冠を打栓するもので、大手ネット通販サイト（アマゾンや楽天）で王冠とともに売られている（写真3―19）。

比重計（ワイン・ビール用）…麦汁の比重は溶けて

いる糖の濃度の指標となる。また、発酵で糖がアルコールになると比重が減少する。それで、アルコール度数を計算することができる。これも大手ネット通販でも、あるいはホームブルーのネット通販でも購入可能である。写真3―20の右のように測定用のシリンダーが付属しているものが便利である。

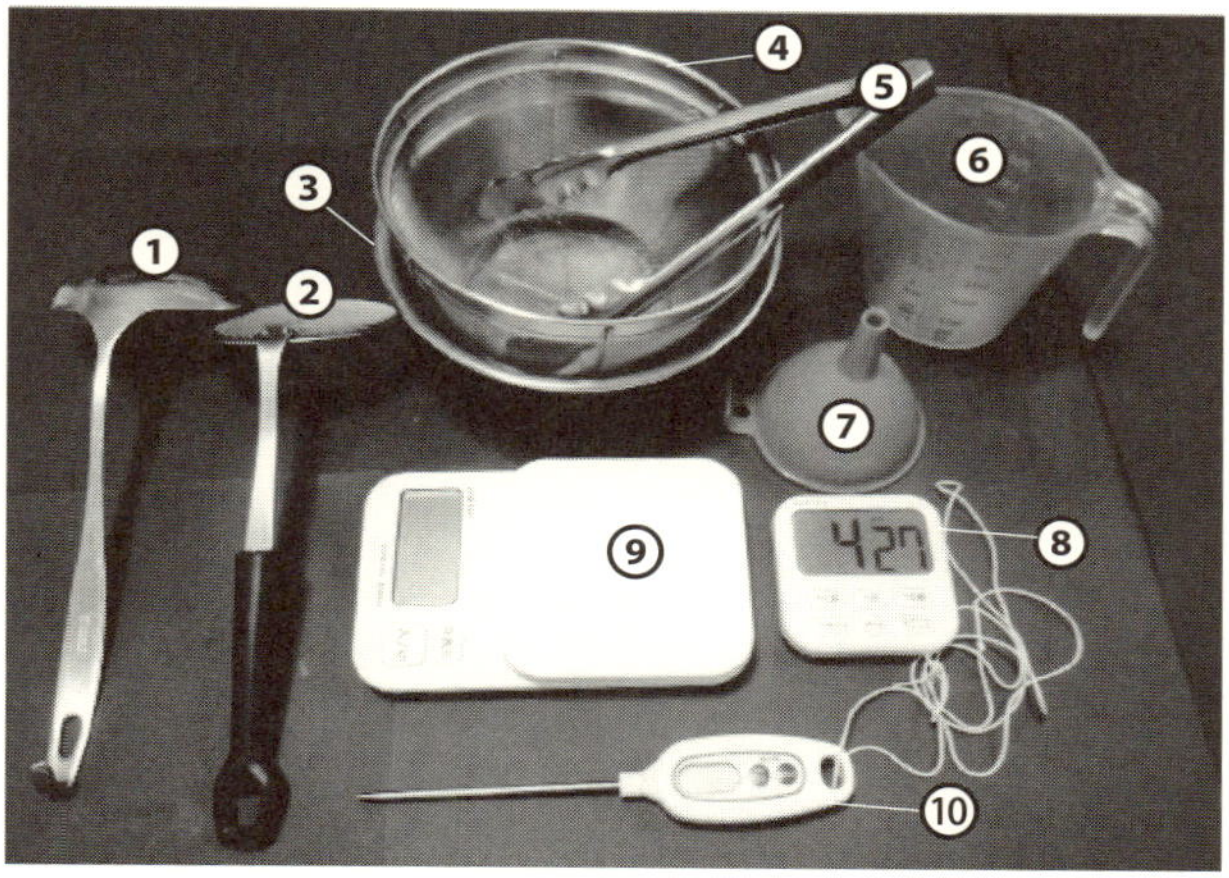

写真3－21　**その他に必要な道具**
①レードル（おたま）、②網ジャクシ、③大き目のボール、④ザル、⑤トング、⑥メジャーカップ、⑦漏斗、⑧キッチンタイマー、⑨秤、⑩温度計（デジタル）

この他に、キッチンでおなじみの調理道具、秤、温度計（デジタルが便利）、キッチンタイマー、レードル（おたま）、網ジャクシ、トング、大きめのボール、ザル、メジャーカップ、漏斗などが必要である（写真3―21）。

道具や原料の他に、忘れてはならない消耗材料を、以下に列挙しておく。

除菌剤　キッチン用のアルコール除菌剤、または塩素系除菌剤。

王冠　大手ネット通販で購入が可能。世界共通の規格のため、どのようなものでも使用できる。

ビール瓶　お勧めは中瓶・小瓶である。購入せずとも、クラフトビールや海外ビールの空き瓶をとっておいて、使い回しする。貼られているラベルの糊は大体三タイプで、そのまま剥がせるもの、水にしばらくつけておくと剥がせるもの、煮沸しないと剥がせないものがあるが、いずれかの方法で、たいていのラベルは剥がせる。

シリコーンのシールテープ　空気漏れを防止するためのもの。

希ヨードチンキ　麦汁づくり（マッシュ）でデンプンの分解が完了しているかどうか、確認するときに使用する。もし、デンプンがあると、ヨウ素デンプン反応で紫色となる。デンプンがなければ黄色である。ヨード液のこの性質を利用して、糖化の終点が確認できる。希ヨードチンキは、普通の薬局で市販されている。

ラップフィルム　何かとよく使うので用意しておくと便利。

原料を除く道具と消耗材料の主だったものは以上である。ここに取り上げた道具や材料でなくても、工夫次第で、醸造に使用する道具はいくらでも発見できる可能性がある。

次に、これらの道具の除菌に関して、簡単に説明する。

●道具と材料の除菌●

煮沸工程以降では、麦汁と触れる道具や材料は、すべて除菌されている必要がある。雑菌が混入してしまうと、とんでもなく臭いビールになったり、酸っぱくて飲めないビールになったりする危険性が高くなる。その意味で、除菌は、手を抜かずに行なう必要がある。ただし、ここで説明する除菌方法は、万全であったり万能であったりするわけではない。

また、除菌のしやすさも、道具によりけりである。除菌剤などが侵入しにくい構造であったり、汚れが付着していたりするのは論外である。したがって、除菌する場合、その前に構造的に外せる部分はすべて外して除菌する必要がある。また、汚れは確実に洗浄・除去しておかなければならない。

家庭で普通に行なえる除菌方法、消毒方法の特徴を簡単に述べる。

煮沸消毒…薬品を使用せず、熱で微生物を除菌する。ただ、芽胞をつくってしまう菌には効果がない。また、サイズが大きい容器類、耐熱性ではないガラスなど、とりわけ発酵容器などは、煮沸消毒は困難である。おもに金属の道具や材料に適用する。

塩素消毒…次亜塩素酸ナトリウムの消毒剤は、漂白

表3－2　**道具や材料の除菌方法**

道具／材料	除菌方法	備考
発酵容器（ガラス）	アルコール	煮沸は厳禁
発酵容器（10ℓ以上）	塩素	よく洗浄してから除菌する
エアーロックとゴム栓	アルコール	入れる水は浄水器を通していない水道水を
ビール瓶（少量）	アルコール	できれば外側もスプレーする
ビール瓶（多量）	塩素	1本ずつ口からあふれ出るまで注ぎ満たす
トング、杓子、レードル	熱湯	持ち手が熱くなるので注意
王冠	熱湯	鍋にたくさんの王冠を入れて煮沸し、トングで取る
漏斗	アルコール	使用直前にさっと除菌
打栓器	アルコール	王冠まわりを重点的に除菌
温度計	アルコール	全体を除菌する
比重計	アルコール	全体を除菌する

剤としても用いられ、キッチンでもおなじみである。長所としては、菌だけではなく大概のウイルスにも効果がある点である。また、たくさんのビール瓶だの、大型の容器だのを消毒することが可能となる。一方、欠点は、金属類への使用ができない点と除菌に時間がかかる点である。また、除菌後、水道水（浄水器などでカルキを抜いてはいけない）でかなりすすぎ洗いをしないと、塩素臭が抜けない点である。

アルコール消毒…何といっても簡便で、スプレーして除菌効果が出るまで約10秒。拭き取りも不要なので、使用直前の除菌が可能である。さらに、金属、ガラス、プラスチックと何でも除菌が可能。自分の手ですら消毒できるのである。

しかし、アルコール消毒は量をさばいたり、容量の大きな容器に適用したりするのには向いていない。例えば、ビール瓶の本数なら10本、発酵容器であれば10ℓ未満までが、アルコール消毒の限界である。各道具や材料ごとに、どの除菌方法を使用すべきかを表3－2に示した。

2 原料の基礎知識

ビールの基本原料は、麦芽、ホップ、イースト、および水である。このほか、副原料として、デンプン源である各種炭水化物と、2章3（51ページ参照）で述べたビアハーブがある。

そこで、ここでは、基本原料と副原料（ビアハーブを除く）に関して、ビールづくりを行なううえで欠かせない知識として、各原料の特徴と使い方について、簡単に解説する。

1 水

硬度（ミネラル）とビールの関係

水は、ビールの成分中で占める割合が圧倒的に大きい。したがって、仕込み水の性質がビールに影響しないわけがない。

水には硬度といわれる指標がある。これは水に含まれるミネラルの含有量の大小を表わしている。ミネラル含有量の多い水を硬水、少ない水を軟水という。海外のナチュラルミネラルウォーターは概して硬水が多く、日本の水道水は軟水である。では、「とりあえずビール」の試醸において、硬水でも軟水でも、どちらでもよいとしたのはなぜか？

硬度の違う水でつくったビールは、たとえ水以外のすべての成分が同じであったとしても、その特徴は異なってくる。この原因の半分は、水自身の特徴の違いそのものがビールに反映されるからである。例えば、硬水と軟水とでのどごしや風味が異なると感じている人も多いのではないだろうか。それがそのままビールに反映されて、軟水で醸されたビールの多くは、のどごしがよく、硬水で醸されたビールは、豊かな風味のものが多い。

ビアスタイルでいえば、のどごしのよいピルスナーやアメリカンライトラガー（バドライトなど）は軟水で醸されるし、重厚な味わいのペールエールの代表であるイギリスのバスは、バートンオントレントという地域の硬水で醸されている。

そもそもビアスタイルの分類の根底には、その土地ごとの風土に合ったさまざまなビールの分類がある。つまり、特定の土地の水で醸されたビールを元としてビアスタイルが分類されるので、その土地の水の硬度が、そのビアスタイルの最適硬度となるわけである。

最適な硬度の水を探す

日本の水道水は軟水のため、ピルスナーやアメリカンライトラガーには好適に使える。表3―3に代表的ビアスタイルの硬度を示した。

実は、水の硬度、つまり水に含まれるミネラルは、のどごしだけでなく、さまざまなものに影響を及ぼす。イーストにも当然、重要な影響を及ぼす。代表的なミネラルが、イーストや風味に与える影響を表3―4に示した。

では、これらのミネラル成分の調整は、どのようにすればよいのであろうか。日本の水道水は基本的に軟水なので、これにミネラル粉末などを溶かせばよいわけだが、残念ながら必要な成分だけのミネラル粉末だの、錠剤だのは、わが国では市販されていない。

表3－3　**水の硬度とビアスタイル**

ビアスタイル	硬水軟水	硬度
ピルスナー アメリカンライトラガー	軟水	0 ～ 70 70 ～ 100
アメリカンペールエール アルト ケルシュ ヴァイツェン バーレーワイン	軟水～硬水注）	100 ～
デュンケル ポーター ドッペルボック	硬水	200 ～
スタウト ランビック	硬水	300 ～
ドルトムンダー	硬水	650 ～ 800
IPA（イギリス）	硬水	800 ～ 1020

注）WHOでは硬度120未満を軟水、120以上を硬水と定義

表3－4　**水中の塩（イオン）の影響**

塩（イオン）	記号	影響
カルシウム	$Ca2^{+}$	イーストに必須。ホップからの苦味の抽出を支援。多すぎると、濁りの原因になる。
ナトリウム	Na^{+}	風味が丸くなる。 硫酸塩と結合すると不快な刺激となる。
カリウム	K^{+}	ビールに塩気を加える。 多すぎるとイーストの代謝を抑制する。
マグネシウム	Mg^{2+}	イーストの代謝に必須。
炭酸塩	CO_3^{2-}	多いと、ホップの苦味を過剰に抽出する。
硫酸塩	SO_4^{2-}	ドライな風味をビールに与える。 ナトリウム塩と結合すると不快な刺激となる。
塩素	Cl^{-}	清透性を増す。多いと、ビールに丸みと甘味を与える。イーストの凝集を抑制する。
鉄	Fe^{2+}またはFe^{3+}	微量は必須だが、多くなると、イーストの代謝を抑制し、濁りの原因となり、また、金属臭の元になる。

表3－5　**ナチュラルミネラルウォーターの硬度**

ナチュラルミネラルウォーター	硬水軟水	硬度
富士山のバナジウム天然水	軟水	19
南アルプスの天然水	軟水	30
クリスタルガイザー	軟水	38
ボルビック	軟水	62
エビアン	硬水	304
ヴィッテル	硬水	307
サンペレグリノ	硬水	647
コントレックス	硬水	1486
ドナウォーター	硬水	5169

注）WHOでは硬度120未満を軟水、120以上を硬水と定義

そこで、ナチュラルミネラルウォーターの登場である。つくろうとしているビアスタイルに最適な硬度に近いナチュラルミネラルウォーターを使用すればよい。表3─5に、市販されているナチュラルミネラルウォーターの硬度を示した。また、もし中間の硬度に調整したければ、水道水で割ればよい。1対1で割れば、硬度はちょうど半分になる。

2 麦芽

●麦芽とビールの色●

ビールの主原料とも言える麦芽とは、大麦の種子を発芽させたものである。大麦は、二条大麦と六条大麦に大別される。二条大麦は種子が大きくデンプンが

豊富で、かつタンパク質が少ない反面、酵素量が少ない。逆に六条大麦は、種子が小さく、酵素量が多い反面、デンプンが少なくタンパク質が多い。これらの特徴から、ビールでは、主として二条大麦を使用する。

二条大麦にはさまざまな品種があり、ビールに好適となるよう品種改良された麦がある。例えば、CDCストラタスやハリントン、あるいは、わが国ではスカイゴールドなどである。しかし、ネット通販でも品種別の麦芽を手に入れるのは困難である。

麦芽の類別

麦芽は、ビールづくりの際の使い方によって、ベースモルトとスペシャリティモルトに大別される。

ベースモルトとは、麦汁づくりには必ず使う麦芽で、酵素量もデンプン量も麦汁をつくるのに充分で、このベースモルトだけでビールをつくることが可能である。一方、スペシャリティモルトとは、ベースモルトだけでは出すことのできない特別な風味や色をビールにつけるために使う麦芽である。なお、ベースモルトでも、スペシャリティモルトでも、色の薄いものから濃いものまである。

麦芽の類別にはこのほかにも、製麦時の製造方法の違いにより、ペールモルト、キルンドモルト、クリスタルモルト(別名、カラメルモルト)に大別される。ペールモルトとは通常のモルトで、色が薄い（ペール）のでペールモルトと称される。

通常のモルトをキルンと呼ぶ釜でより高温で焙燥し、色を濃くした麦芽をキルンドモルトと称し、さらに、色を濃くするために焙煎（ロースト）を施すこともある。これをロースト麦芽と称する。

また、クリスタルモルトとは、ビールに、甘いカラメル風味やボディ（85ページ参照）を与えるために使用するのだが、製麦過程で、水分を含んだ状態で蒸して糊化（109ページ参照）させ、デンプンの一部を糖化させている。さらに、その糖に熱を加えカラメル化させている。このカラメルや糖が、麦芽表面で結晶化しているので、クリスタル麦芽と称する。また、カラメル麦芽とも称する。このクリスタル麦芽にもさまざまな色の濃さがある。

表3－6　**麦芽の種類**

麦芽名	分類	麦芽の色の濃さ		PKL注）
		SRM	EBC	
ピルスナー（ラガー）麦芽	ベースモルト	1.6～2.0	3～4	0.26
ペールエール麦芽	ベースモルト	2.3～3.1	5～7	0.27
ウィンナー麦芽	ベースモルト	2.3～3.5	5～8	0.25
ミュンヘン麦芽	ベースモルト	5.0～6.9	12～17	0.25
小麦（ウィート）麦芽	ベースモルト	1.8～2.2	3.5～4.5	0.26
クリスタルモルト（ライト）	スペシャリティモルト	10～15	25～40	0.25
クリスタルモルト（ペール）	スペシャリティモルト	25～40	65～105	0.24
クリスタルモルト（ミディアム）	スペシャリティモルト	60～75	158～198	0.24
クリスタルモルト（ダーク）	スペシャリティモルト	120	317	0.23
チョコレートモルト	スペシャリティモルト	300～563	800～1500	0.20
ブラックモルト（ブラックパテント）	スペシャリティモルト	500	1325	0.18

注）PKL：初期比重を計算するのに便利な値（108ページと133ページ参照）

色の濃さの違いは、すでに述べた通り製麦時の工程の違いによってつくり出されるものである。色づけを目的とした濃い色の麦芽は、色づけ麦芽とも称する。

麦芽の色の濃さの程度を表わす単位として、アメリカではSRMという単位を使っている。また、ヨーロッパではEBCという単位を使っている。まれに、ロビボンド（L）という単位を使っているネットショップや書籍、専門サイトがあるが、ロビボンド（L）は旧式の単位でSRMとほぼ一致する。表3－6に麦芽の種類と色の濃度を示した。

SRMという単位は、ビール自体の色も表わす。表3－11（114～115ページ参照）に代表的ビアスタイルのSRMを示した。なお、この表3－11は、1章で紹介した代表的なビアスタイルの一覧表（表1－1、18～19ページ参照）にほぼ対応していて、それぞれのスタイルのビールをホームブルーでつくる場合に、最適の原料の指標を表わすガイドラインとなっている。

●ホームブルーでの注意点●

ここで、ホームブルーを行なう場合に、よく覚えておくべきことは、焙煎（ロースト）された麦芽は、焙煎時の熱によって酵素が活性を失っているため、これら焙煎麦芽単独では麦汁づくり（マッシュ）ができないという点である。焙煎（ロースト）麦芽の使用目的は、色づけと焙煎（ロースト）風味づけである。これらの麦芽は、ベースモルトとともに麦汁づくりに使う必要がある。このさいに、酵素の能力を発揮させるにはベースモルトが8割以上である必要がある。

また、クリスタルモルトを使う方法にもホームブルー上のコツがある。クリスタルモルトの特徴であるボディ（84ページ参照）増強や甘い風味を活かすためには、含有しているデンプンの分解物である多糖類やカラメル成分を、発酵までなるべく分解しないようにしておく必要がある。多くの多糖類はイーストでは発酵できないため、そのままビールに残り、甘い風味やボディとなる（84ページ参照）。そのために、ベースモルトとともにクリスタルモルトを麦汁づくりに用いる。この場合は、糖化のときの温度を、高めに、例えば67℃に保持する。つまり、ベータアミラーゼの活動を弱めにしておくということである。

丸粒（ホール）とひきわり（クラッシュ）

「とりあえずビール」の試醸でも記したが、麦芽販売のネットショップなどでは、麦芽の種類にホール（丸粒）とクラッシュ（ひきわり）がある。実際に使用する際は、必ずひきわりにする必要がある。そのため、その手間がはぶけるように、はじめから、ひきわりにした麦芽が販売されている。

ひきわり麦芽は手間が少なくてすむのでありがたいが、心配なのは、丸粒麦芽に比べたときの保存性や劣化の可能性であろう。ところが、筆者の経験では、ひきわり状態の麦芽でも、プラスチック製の米櫃に入れて数カ月は、特に問題なく使用できた。ただし、丸粒麦芽と比較すると、随分と割高となってしまう。

麦芽の分量と麦汁の初期比重

麦芽の使用重量を1とした場合、麦汁づくりに必要な水の量は、いくらであろうか？　それは2～5倍程度である。水分が少なく麦芽が多ければ、より糖濃度の高い麦汁となる。煮沸時の蒸発の程度や補水の量で、麦汁の糖濃度は変わってしまうが、麦芽重量の2倍の水分量で麦汁づくりを行なうと、相当に高い糖濃度となる。

麦汁の糖濃度は、ビールづくりでは、麦汁の比重（初期比重）で表わすのが常である。極めて糖濃度が薄い場合で、初期比重は1・03程度。極めて高い場合で初期比重は、1・1程度である。なお、先ほどの2倍の場合、初期比重は約1・09である。この初期比重の場合、使用するイーストにもよるが、発酵後のアルコール度は8％を超えるビールとなる。

表3—6（106ページ参照）の一番右の列にPKLという値を示したが、この値に、水1ℓ中に投入する麦芽の量（kg）をかけるだけで、麦汁づくり後に、予測される初期比重（小数点以下の値）がわかってしまう。なお、初期比重の1の位は常に1である。

3 副原料

副原料を使用する目的

副原料とは、麦芽以外のデンプン原料のことをいう。副原料を用いる目的は、ビールに副原料由来の風味を持たせるためと、逆に、麦芽由来の風味を弱め、ライトボディ（85ページ参照）なビールに仕上げるために用いる。前者の目的は、デンプンを利用するというより、むしろ副原料の持つタンパク質やアミノ酸を利用することであり、また後者の目的のためには、タンパク質などはまったく不要で、デンプン（スターチ）のみの利用が主体となる。

副原料としては、例えば、米やコーンスターチ、あるいは大麦以外の小麦、ライ麦、オーツ麦などがあげられよう。ほかにも、あわ、ひえ、きびなどの雑穀もある。さらに、これら穀類以外でも、ジャガイモやサツマイモも副原料とされる。

小麦は、大麦と同様に製麦（12ページ参照）されたものを使用するのが一般的だが、酵素量が少ないため、通常の麦芽と一緒に用いることが普通である。なお、小麦の含有量が多いビールのスタイルをヴァイツェンと称する（厳密には、ヴァイツェン専用の上面発酵酵母を用いて醸す）。

表3－7　副原料の糊化の必要性と効果

副原料名	糊化に関して	効果など
コーンスターチ	不要	ビールのライト化
米	炊飯が必要 ひきわりは不要	ビールのライトおよびドライ化
ライ麦	不要	ビールの爽快感とドライ化
オーツ麦	不要	高タンパク
ジャガイモ	スライスして事前に調理したほうがよい	風味には影響少ない
キビ	米と同様	高タンパク

その他の副原料の場合、発芽状態でビール原料にすることはほとんどない。副原料内に分解酵素を持ち併わせていないためである。ビールづくりに使うには、麦芽の酵素を利用して、糖化する必要がある。しかし、麦芽の酵素力にも限界があるため、麦芽に対して副原料を過剰に用いてしまうと、糖化が充分に行なわれないことになってしまう。そのため、副原料の分量は、通常、麦芽の10％、多くても20％程度までである。

糊化

副原料を使用する場合、麦汁づくりの前に必要な工程が存在する。それは、糊化という工程である。米の場合、なじみ深い工程で、米を炊くことそのものである。糊化とは、デンプンを水でふやかし溶解しやすくすることであり、酵素が容易にデンプンに侵入し、分解反応を起こしやすくすることである。実は、麦芽でも糊化は必要なのだが、それは、麦汁づくりの工程の比較的低温の状態で、自然に糊化されているのである。ただし、理想的には、麦汁づくりの前に糊化されているほうがよい。

このように、麦芽と同様に、麦汁づくりの前に手順としての糊化が不要なものは、コーンスターチ（これはすでに糊化済みのため）、小麦、ライ麦、ジャガイモなどである。そうはいっても、事前にデンプンの糊化をしておいて悪いことは何もない。表3－7に、副原料の使用に関するコメントを記載した。

4 ホップ

ここでは、2章では触れなかったホップの使用量に関して述べる。

風味づけと香りづけ

風味づけや香りづけに使用するホップの量であるが、これは、ホップの品種はもとより、ホップの鮮度や投入の方法によって異なるうえ、香りや風味に関する限り、指標となるような方程式などない。したがって、原理に基づいた最適の量は実はなく、経験的な値に頼らざるを得ない。

表3—8におよその量を、乾燥した丸のままのホップ(ホールホップ)重量で示した。乾燥したホールホップは、生の採れたてホップ重量のおよそ6分の1である。それから単純計算すると、乾燥させていない生ホップでは、表記の重量の6倍必要ということになる。ところが、筆者の経験では、乾燥重量の2倍から3倍程度で同等の効果を発揮するようである。新鮮であることの効果であろう。つまり、採れたてホップで未乾燥品の場合は、表記の値の2倍から3倍を目安とすればよい。

香りづけの「ハーブ」を添加する場合は、香りづけや風味づけのホップの添加量は控えめにしたほうがよい。むしろ、苦味づけホップのみを使用し、風味づけや香りづけホップは用いないほうがよいであろう。

苦味づけ

次に、苦味づけホップの分量に関して述べる。

ビールの苦味を表わすのには、国際苦味単位（IBU）という指標を用いる。この指標は、麦汁中に含まれるイソアルファ酸（苦味成分）の濃度を表わしたものである。麦汁中のイソアルファ酸の量は、ホップ投入量、そのホップの単位重量当たりでのアルファ酸量（アルファ酸量は、表2—1、24～25ページ参照）、煮沸時間、および初期比重（糖濃度）で決まる。投入量、アルファ酸量が多ければ多いほど、また煮沸時間が長ければ長いほど、苦味が高くなるのは直感でわかる。一方、初期比重が関係するのは、アルファ酸は、煮沸されることで、苦味成分であるイソアルファ酸に転換されるが（24ページ参照）、その率に影響するからである。

表3—11（114〜115ページ参照）に代表的ビアスタイルの国際苦味単位（IBU）の値を示した。この表を見て自分のつくりたいビールのIBUを決めたら、〝どの程度の量のホップを麦汁に投入すればよいのか？〟標準的条件（表下に記載）を想定して、麦汁1ℓに投入するホップの量とIBUの値を表3—9に示した。なお、IBUは、アルファ酸量に比例し、初期比重には、おおむね反比例している。

表3−8　**香づけ、風味づけホップの分量**

投入時機	分量（g／ℓ）注2)
煮沸後半15分のみ	1.3 〜 1.7
ホップバック注1) のみ	1.0 〜 1.5
ドライホッピング注1) のみ	0.8 〜 1.2

注1）ホップバック、ドライホッピングは129ページ参照
注2）麦汁1ℓ当たりの乾燥ホールホップの分量

表3−9　**標準的条件でのホップ投入量に対するIBU**

麦汁1ℓ当たりの投入ホップ量（g）	IBU
0.9	15
1.4	25
2.0	36
2.8	50
5.0	90
5.5	100

注）標準的条件の想定：アルファ酸量9%、初期比重1.055、煮沸時間45分

5 イースト

イーストの差とは

イーストの種類は、大別すると、エールイースト（サッカロミセス・セレビシエ）、別名、上面発酵酵母と、ラガーイースト（サッカロミセス・カールスベルゲンシス）、別名、下面発酵酵母がある。しかし、実はこの大別のほかに、少しだけ遺伝子が異なり、それゆえ性質が異なるイーストが、無数に存在している。分類上この大別の下の小分類を、菌株、あるいは単に株と称する。ただし、実際には、購入で手に入れられるイーストは、エールイースト、エールの株違いのヴァイツェン用のイースト、ラガーイースト、ワインイースト、およびパンを発酵させるために市販されている

イーストぐらいであって、これらは、それぞれの目的に応じて最適化された株の純粋培養品である。

しかしながら、天然には無数の株が存在していて、自分で採取することすら可能である。ただし、市販のイーストは、ビール醸造に特化し最適化されていて、これに勝るものは、そうそう存在しない。しかし、自分で採取した株が偶然にも、旨いビールを醸すイーストである可能性は否定できない。

まあ、それはさておき、イーストの違い、あるいは株の違いにより生ずる差とは何であろうか？　結論から言えば、醸されたビールの差となるのだが、その差とは、ビール内のわずかな成分差といえよう。

イーストの代謝は、大雑把に言って、無酸素下で糖類を消費し、エチルアルコールと二酸化炭素を生成することであるが、実は、糖以外にも消費している化合物はたくさんあり、エチルアルコールや二酸化炭素以外の化合物、例えば、エステル類や高級アルコール類なども生成されている。これらの消費した成分の差や醸し出された成分の差が、イーストの株の特徴となる。

例えば、日本酒の醸造に好適なイースト、これもサッカロミセス・セレビシエの株違いであるが、この株では、吟醸香と称されるカプロン酸エチルというエステル化合物を多く生成する。

このような株による微小成分差は無数にあるが、ここではホームブルーをするうえで、イーストによる重要な差のみを述べよう。それは、エールイーストとラガーイーストと天然イーストとの差である。

麦汁中には麦芽糖以外にも、デンプンがさまざまに切断されることで、種々の糖類が存在している。これらの糖類は、イーストの株違いによって、発酵できたり、できなかったりと、選択性がある。単糖類のブドウ糖や果糖、乳糖（ラクトース）を除く二糖類の麦芽糖やショ糖（砂糖）は、ほとんどの株で発酵できる。一方、三糖類以上になると、イーストによる差が顕著になる。

エールイーストでは、三糖類のラフィノースは発酵できないが、ラガーイーストでは可能である。また、いずれのイーストでも、デキストリン（86ページ参照）

表3－10　**イースト株の情報例**

イースト製品名（製造元）	分類	発酵温度（℃）	投入量（g/ℓ）	AA（%）
Safale S-04（Fermentis）	エール	12 ～ 25	0.5 ～ 0.8	75
Safale US-05（Fermentis）	アメリカンエール	12 ～ 25	0.5 ～ 0.8	81
Saflager S-23（Fermentis）	ラガー	9 ～ 22	0.8 ～ 1.2	82
Saflager W-34/70（Fermentis）	ラガー	9 ～ 22	0.8 ～ 1.2	83
Safbrew S-33（Fermentis）	ベルジアン（エール）	12 ～ 25	0.5 ～ 0.8	70
Safbrew WB-06（Fermentis）	ヴァイツェン	12 ～ 25	0.5 ～ 0.8	86
Morgan's Lager Yeast	ラガー	32℃未満	0.5 ～ 0.8	80 ～ 82

は発酵できない。

市販のイーストでは、どのような糖を発酵できるかが明確である。それに対して天然のイーストでは、相当な種類の糖を発酵できる株も存在すれば、逆に、エールイースト以上に選択的な糖しか発酵できない株も存在する。

見かけ上の糖発酵度

ある株のイーストが発酵できた糖が、どの程度の割合であったのかを知る指標を、見かけ上の糖発酵度（AA％）という。この値が、例えば、80％と高ければ、麦汁中の相当量の糖を発酵したことを意味し、ライトボディビール（85ページ参照）になったといえる。逆に60％程度と低ければ、残存している糖分が多くフルボディビール（85ページ参照）であるといえる。

麦汁づくり工程の糖化温度が高い場合、アルファミラーゼが主体でデンプンを分解するため、イーストが発酵できないデキストリン（86ページ参照）などの大きな糖が多く、見かけ上の糖発酵度（AA％）は低くなる。

市販のイースト株の場合、製品説明書、あるいはその製造元のホームページを見れば、その株に関しての情報として、次の事項などが記載されている。

・投入量（g／ℓ：dosage instruction）
・発酵温度（度：fermentation temperature）
・見かけ上の糖発酵度（AA％：apparent attenuation）

代表例を表3―10に示した。なお、投入量は麦汁1ℓ当たりの投入重量（g）である。

また、表3―11（114～115ページ参照）に、ビアスタイルにおける目標AA％を記した。

苦味度（IBU）	糖発酵度（AA%）	ホップ	特徴的原料
80～100	77～85	イギリス系のホップ	
45～100	70～80	カスケード センテニアルなど	
20～45	75～84	カスケード センテニアルなど	
40～55	70～80		ミュンヘン麦芽
10～20	73～82		小麦麦芽 ヴァイツェン用イースト
16～34	78～86	ザーツなど	小麦麦芽20%程度　ピルスナー麦芽
30～50	77～85		
20～45	75～88	ゴールディングなど	シード系ハーブ
50以上	45～77	イギリス系のホップ	クリスタル麦芽
23～45	65～80	ファッグルなど	
25～35	77～85	ドイツ系のホップなど	
30～50	71～82	ファッグルなど	焙煎麦芽　リコリス
25～50強	64～83		発酵後、氷点下で凍った水分を除去
9～20	69～102		米、コーンスターチ
19～28	74～83		
30～40	65～74	ノーザンブルワーなど	
35～40	60～78	ドイツ系のホップなど	深煎りした焙煎麦芽
12～30	66～78	ドイツ系のホップなど	ミュンヘン麦芽（キルンド） ウィーン麦芽（キルンド）
15～28	60～78	ドイツ系のホップなど	
23～30	75～85	ドイツ系のホップなど	ピルスナーより硬水
35～45	69～76	ザーツなど	軟水必須
20～40	67～80	ドイツ系のホップなど	ミュンヘン麦芽
20～30	70～79	ドイツ系のホップなど	ミュンヘン麦芽　ウィーン麦芽
15～40	68～79	ドイツ系のホップなど	燻製された麦芽

ドライイーストの戻し（リハイドレーション）

市販のイーストは、原則としてドライイーストといわれるパウダー状のものである。市販のドライイーストは、かつて液体イーストよりも雑菌混入が多いとされたが、実際はそのようなことはない。ただ、イーストの製造元のホームページを参照すると、酢酸菌、乳酸菌、天然イーストなどの混入量が記載されている。

ドライイーストは、「とりあえずビール」の試醸では省略してしまったが、使用に際しては、いきなり麦汁に投入してしまう前に、水につけて目覚めさせてやるほうが、麦汁中に投入したときに、素早く活動を開始できる。水

表3－11　ビアスタイルのガイドライン表

ビアスタイル	発酵酵母	アルコール度数（ABV）	色（SRM）	初期比重（OG）
IPA	上面発酵	6.2～8.5	8～14	1.060～1.080
アメリカンIPA		5.0～7.8	4～14	1.050～1.075
アメリカンペールエール		4.5～6.0	4～8	1.042～1.056
アルト		4.3～5	13～19	1.045～1.052
ヴァイツェン		4.3～5.6	2～9	1.040～1.056
ケルシュ		4.4～5.0	3～7	1.044～1.049
スタウト（ドライ）		3～5.5	35以上	1.035～1.050
セゾン		4.3～7.8	6～12	1.045～1.080
バーレーワイン		7.2以上	16～26	1.084以上
ペールエール		3.7～4.8	5～14	1.039～1.045
ベルジアンストロングエール		7～9	3.5～5.5	1.065～1.080
ポーター		3.8～6.5	16～35	1.040～1.065
アイスボック	下面発酵	10～16以上	10～30	1.066～1.100以上
アメリカライトラガー		3.0～4.4	2～4	1.031～1.038
ウィンナー		4.5～6	6～12	1.046～1.057
カリフォルニアコモンビール		4.5～5.1	8～14	1.047～1.052
シュバルツ		3.5～4.6	25強	1.045～1.056
デュンケル（ミュンヘン）		4.5～5.8	15～30	1.045～1.058
ドッペルボック		7～10強	12～30	1.072～1.080強
ドルトムンダー		7.8～6	4～6	1.048～1.060
ピルスナー		4.0～5.3	2～5	1.044～1.056
ボック		6～7.5	14～30	1.064～1.072
メルツェン		4.5～6.5	7～14	1.050～1.065
ラオホ		4.5～7.4	5～25	1.045～1.076

につけて目覚ましすることを「戻し（リハイドレーション）」と称する。素早く活動を開始させる目的は、細菌の拮抗作用を考え、イーストをいち早く増殖させて、雑菌の増殖を抑制するためである。

それでは、麦汁やイーストのエサとなる糖の液（培養液）ではなく、水を「戻し」に使うのはなぜなのか？　それは、イーストの細胞膜の浸透圧の関係で、水のほうが素早くイーストの細胞壁内へ浸透できるからである。

このドライイーストの戻しの方法は、後述（130ページ参照）する。

3 いよいよビールの手づくりだ

今まで述べてきたことを参考にして頂ければ、読書諸氏は、ほぼビールをつくれるのではないだろうか？ここでは、「楽で精度のよいビールづくり」の詳細な方法を述べる。

これから目指すビールづくりのビアスタイル（表1—1、18〜19ページ参照）は、上面発酵のアメリカンペールエールである。また、発酵時の温度と発酵に要する時間を除くと、下面発酵ビールのつくり方は、上面発酵ビールのつくり方と何ひとつ変わらないが、アメリカンペールエールのつくり方の後に、下面発酵ビールに関して簡単に触れることとする。

ビールづくりの手順の概略図を、図3—4（麦汁づくり〜籾殻分離）、図3—5（煮沸〜イースト添加）、図3—6（一次発酵〜瓶詰）に示した。

1 アメリカンペールエールの材料と分量

アメリカンペールエールは、日本では、最近のクラフトビール人気の火つけ役である、ヤッホーブルーイングの「よなよなエール」に代表される。

アメリカンペールエールの特徴は、柑橘類の香りがする点にあり、ウィラメット種やカスケード種（表2—1、24〜25ページ参照）のようなアメリカ産アロマホップを使ってつくることにある。ビールの色は、飲み慣れているピルスナーに比べるとやや濃いめで、アルコール度数は4・5〜6％とピルスナーと同程度である（表3—11、114〜115ページ参照）。

このアルコール度数にするためには、最初につくる麦汁の糖分濃度、つまり麦汁の初期比重（133ページ参照）が、表3—11のアメリカンペールエールに示されている値、1・042〜1・056になるように仕込み水に対する麦芽の分量を決めるのである。ただし、麦汁づくりや煮沸の工程で水分が蒸発するのを適正に補水するように注意する。

表3—12（120ページ参照）に、ビールを4ℓつくる場合の各材料と分量を示した。なお、アメリカンペールエールには、通常、ハーブは入っていない。

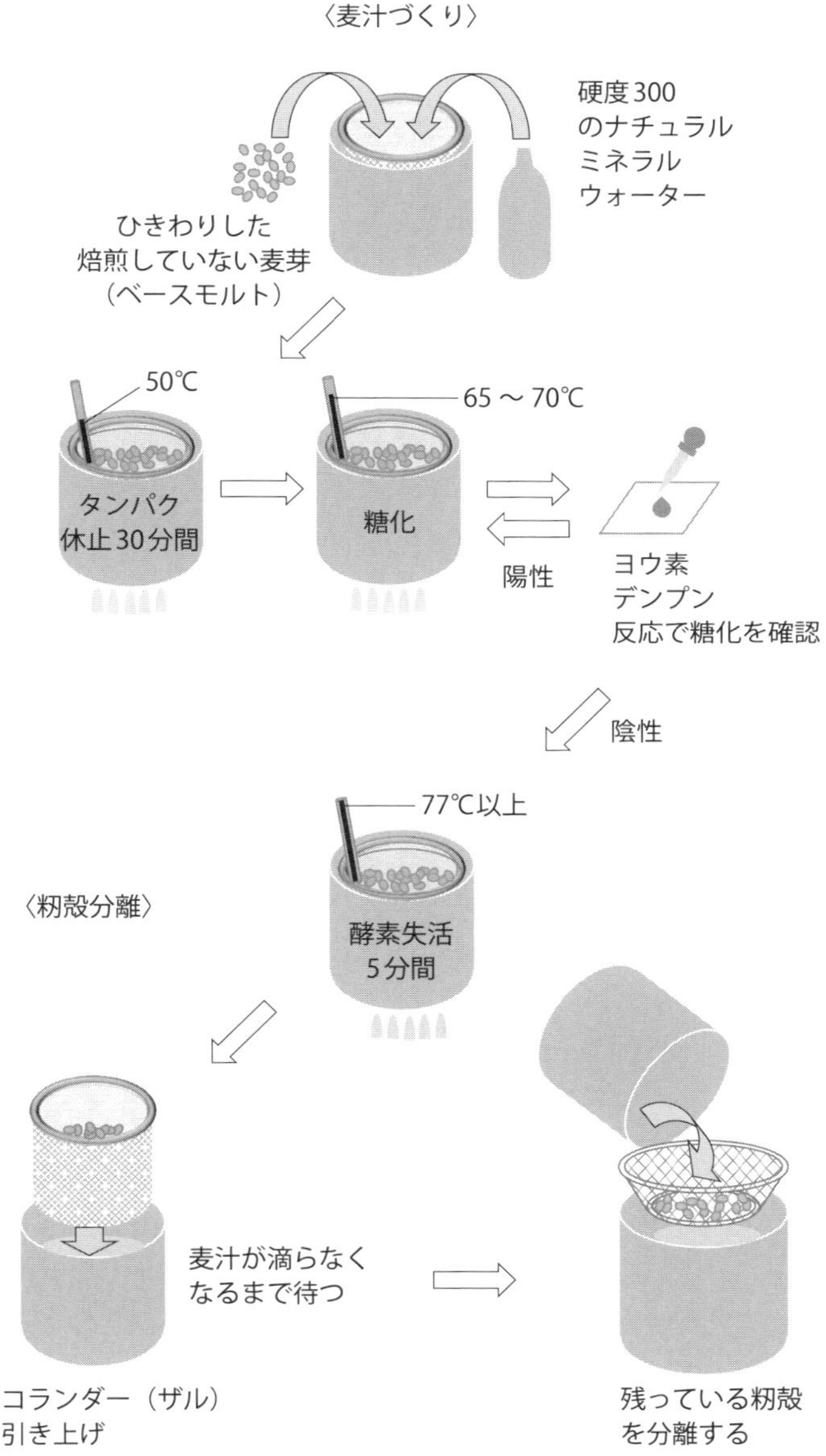

図3−4　**ビールづくりの手順①**
麦汁づくり〜籾殻分離

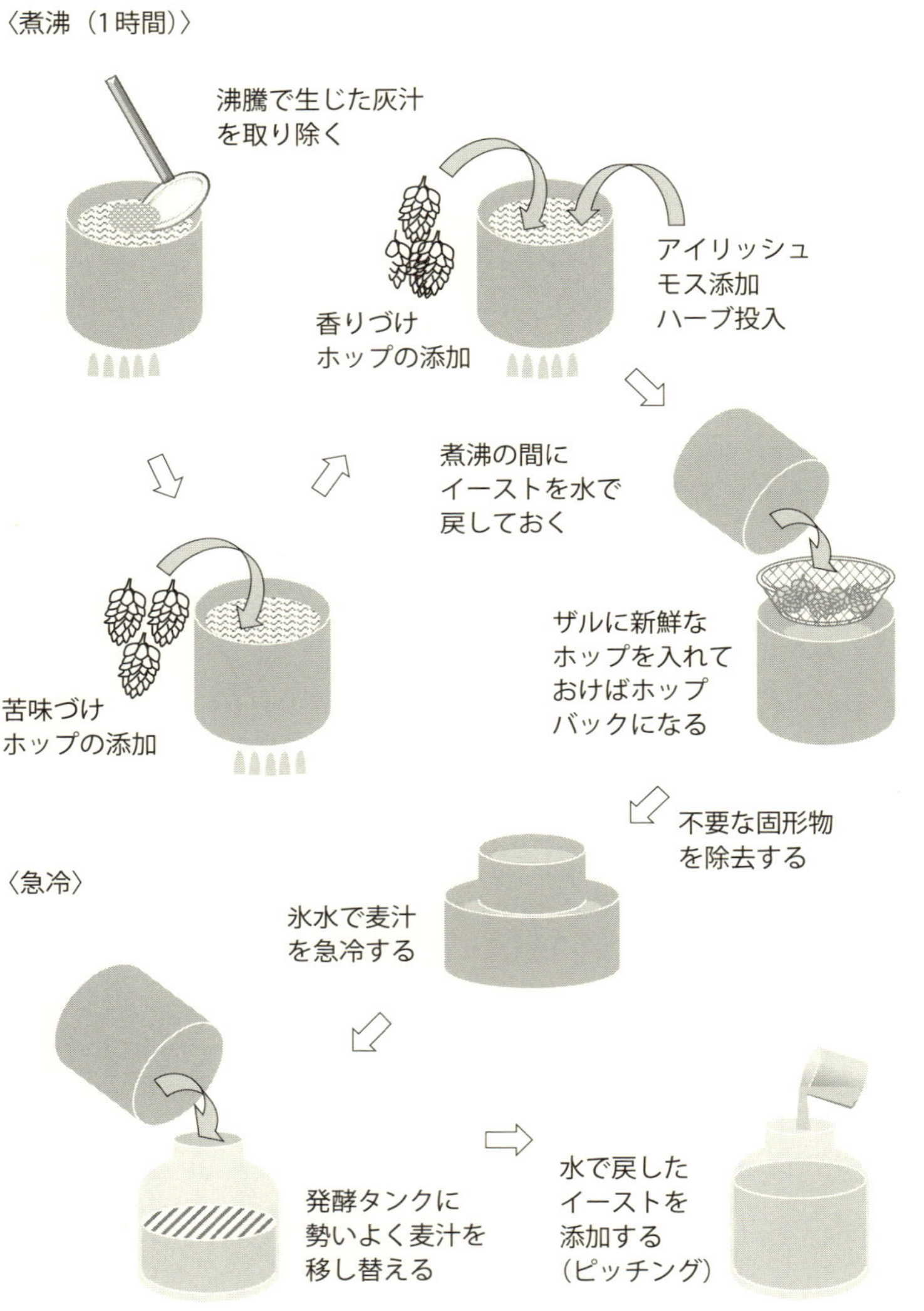

図3−5　**ビールづくりの手順②**
煮沸〜イーストの添加

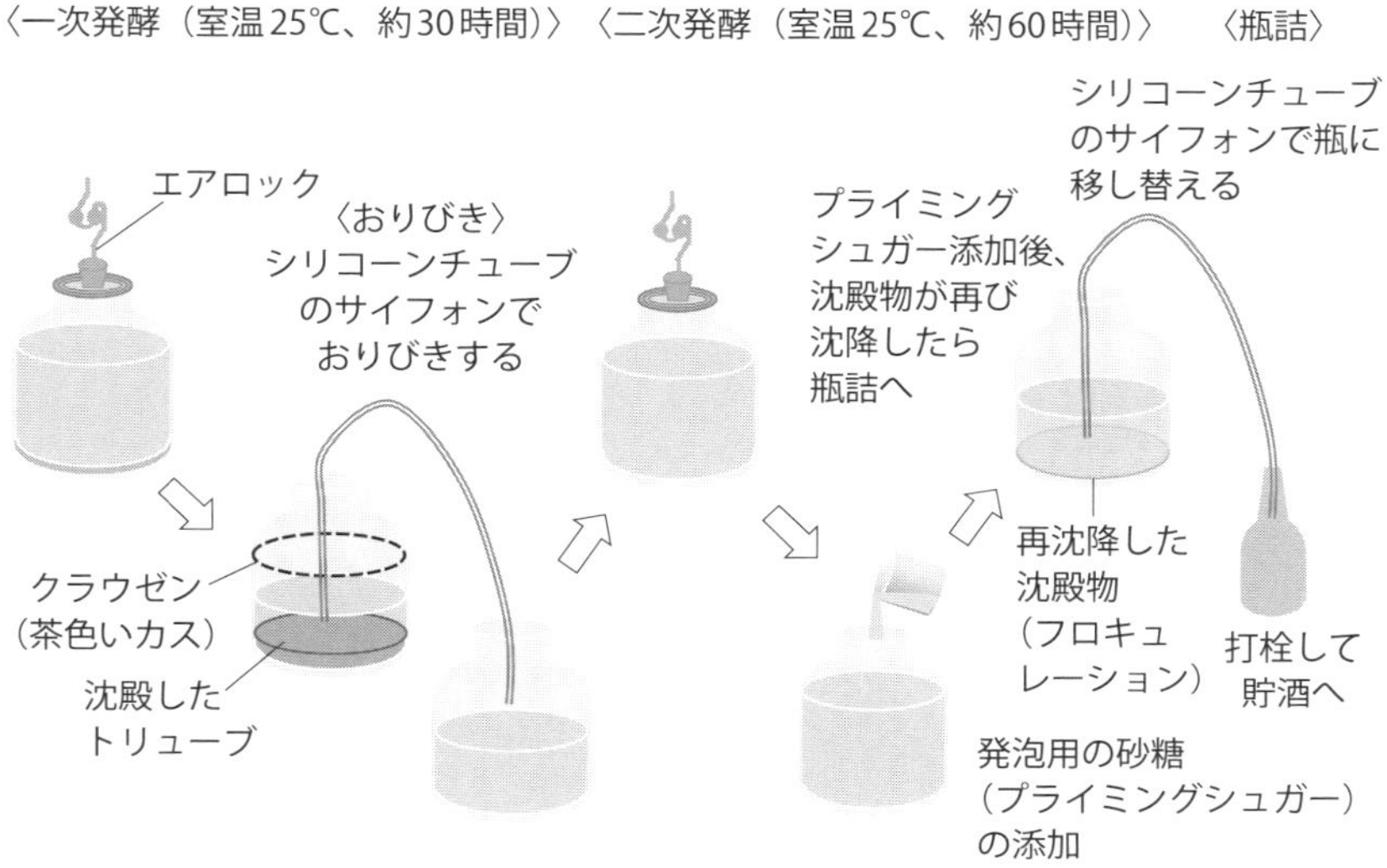

図3－6　**ビールづくりの手順③**
一次発酵～瓶詰

2 麦芽の粉砕

麦芽が丸粒（ホール）の場合、まず、ひきわり（クラッシュ）にする必要がある。ベースモルト（焙煎していない麦芽）もカラメルモルト（色づけ麦芽）も粉砕する必要がある。ひきわりの度合であるが、写真3―22ほどとする。籾殻が割れて中のデンプンが半分から3分の1に粉砕され、多少粉も出ている程度である。籾殻は、なるべく原型を留めているほうが、麦汁との分離が楽となる。

写真3－22
丸粒麦芽をひきわりした状態

表3－12　**アメリカンペールエールの材料（ビール4ℓ分）**

材料		仕様	分量	他の選択肢
仕込み水	エビアンまたはヴィッテル	硬度300	4.5ℓ	水道水
麦芽	北米産ベースモルト	SRM：1.9（EBC3.8）	800g	ベースモルトならすべて可能
色づけ麦芽	カラメルモルト（薄色）	SRM：21～33（EBC：55～85）	100g	なくても可能
香りづけホップ	カスケード	柑橘系の香り	乾燥で6g 新鮮で12g	センテニアルまたはウィラメットまたはクリスタル
苦味づけホップ	ガレーナ	アルファ酸量12～13%	乾燥で6g 新鮮で12g	他のビターホップ
ハーブ（オプション）	バジルまたはスペアミント	新鮮	新鮮で12g	お好みのハーブ
イースト	エールイースト	AA%＞75%	3g	エールイーストであれば可能

実は、この粉砕を手作業で行なうのは、大変な手間である。電動のコーヒーミルを使用する方法もあるのだが、一度にできる量が数十g程度で、さらに、なかなか写真のように均一な状態にならない。また、籾殻そのものを粉々にしてしまう恐れもある。籾殻を粉々にしてしまうと、麦汁からの分離が困難になるだけではなく、渋味の元となるタンニンなどが、多量に溶出してしまう恐れがある。

手で粉砕を行なう場合は、すり鉢とすりこぎで行なう方法と、丈夫なビニール袋に麦芽を入れて、平らなところに置いて、すりこぎで押しつぶす方法とがある。いずれの方法も効率は悪く、本書が標榜している「楽に、精度よく」に反してしまう。臼があれば、比較的、楽にかつ連続的にできるかもしれないが……。

筆者としては、コストを問題としないホームブルーであれば、丸粒の麦芽ではなく、はじめから、ひきわりした麦芽を購入することをお勧めする。ひきわりした麦芽であれば、思い立ったらすぐにビールづくりができる。

また、保存性は、丸粒麦芽でもひきわり麦芽でもさほど変わらない。毎日、食べるお米を、籾殻を取って精米した状態で米櫃《こめびつ》で保存しているのと同じである。もし、お米を炊く前に、いちいち臼で籾すりしていたら、食べる前に疲れてしまう。

3 麦汁づくり（マッシュ）

量的な違い以外、本章の最初に説明した「とりあえずビール」のつくり方（72ページ参照）と、これから述べる麦汁づくりの方法は、何ら変わりない。ここでの手順の概略を図3－4（117ページ参照）に示した。

写真3－23
麦芽を入れた鍋（パスタパン）をIH調理器にのせる。なおこの鍋にはコランダーは入っていない

計量

800gのひきわりした麦芽（北米産ベースモルト）および100gのひきわりした色づけ麦芽（カラメルモルト）を、容量5ℓ以上の鍋に入れる。コランダー（ザル）つきのパスタパンだと後の作業が楽である（96ページ参照）。パスタパンをガスコンロに設置する。もし、ＩＨ対応の鍋あるいはパスタパンであれば、ＩＨ調理器にのせる（写真3－23）。

仕込み水は、アメリカンペールエールを目指すので、できれば硬度300程度の水、ナチュラルミネラルウォーターを使いたい。1・5ℓ入りペットボトルであれば、ちょうど3本分全量（計量の必要がないので楽である）を麦芽の上に注ぐ。

温度の調整

麦汁づくりをしている間、常時、温度計を鍋の中に入れておき、頻繁に温度を確認できるようにしておくため、温度計は、写真3－24のように、レンジフードにマグネットフックをつけ、そこからタコひもでつるしておくと便利である。また、昇温中はレードル（おたま）で常にゆっくり撹拌し、麦汁内の温度が均一になるようにする必要がある。

　以後、コンロを使う場合を前提に述べるが、ＩＨ調理器を使う場合、弱火は弱、中火は中、強火は強などと適宜、読み換えてほしい。また、もし１００℃以下でも温度設定が可能なＩＨ調理器の場合、自分でオンオフを調整する必要はないが、設定温度が実際の鍋内の温度となっていない可能性もあるので、温度計での麦汁の温度確認は必要である。仮に温度計が示す麦汁の温度と設定温度が異なっていれば、設定温度を適宜、修正する必要がある。

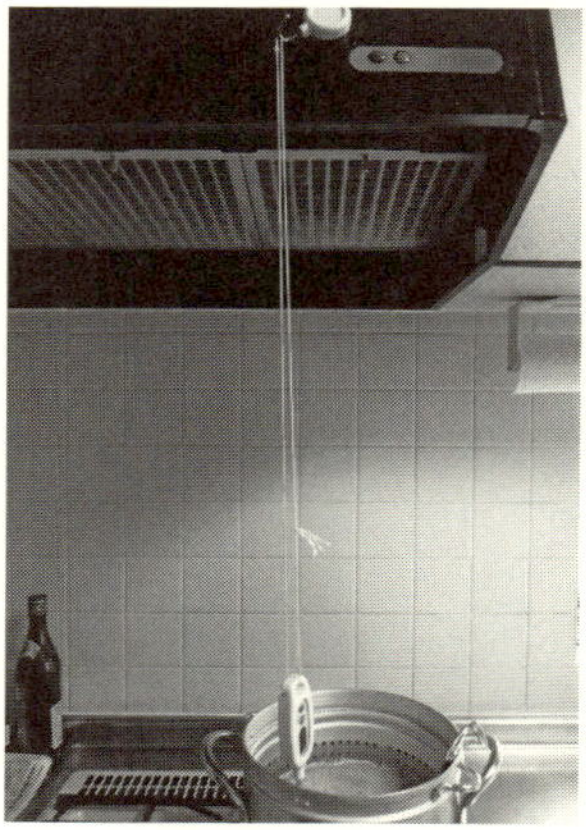

写真3－24
レンジフードにつるした温度計

　まず、念のため、温度計などの様子を見るために、35℃まで昇温して火を止めよう。酸休止（83ページ参照）にもなる。温度計の動作を確認できたら、中火から強火でタンパク休止（83ページ参照）温度（50℃）に昇温する。昇温中、レードルでかき混ぜ、温度計とにらめっこして、目標の50℃に近づいてきたら、徐々に弱火とする。そして、目標温度の直前で火を消す。火を消した後も、30秒ほどはかき混ぜ続ける。その後、5分は放置しても構わない。放置後、温度計を確認し、目標温度（50℃）から3℃以上、下がっていたら、弱火か中火で温度を戻し、再び火を止める。

　タンパク休止では、実のところ、終点を確認する方法がない。50℃近傍の温度を30分間維持したら、終了とし、糖化に向けて再び昇温する。

　糖化の目標温度は62～67（70）℃。昇温や温度保持の方法は、タンパク休止の場合とまったく同様である。ただ、糖化時間に関しては、条件によって異なってくる。そのため、この時間は一概には規定できないが、おおむね20～40分である。糖化の終点の見極め方法は次項で説明する。

最後は、酵素の失活化（マッシュアウト）となる。目標温度は77℃以上、時間は5分。火を強火にして、レードルでかき混ぜながら、温度計が80℃を超えたところで火を止め、さらに5分ほど放置すれば麦汁づくりは終了となる。

糖化の終点（ヨウ素デンプン反応）

糖化の目標温度は62～67（70）℃。糖化温度が低いと、ベータアミラーゼが主として活躍し、糖化に時間はかかるが、デキストリンが少なくなり、ライトボディビール（85ページ参照）の麦汁となる。

一方、糖化温度が高いと、アルファアミラーゼが主として活躍し、短時間で糖化でき、その分デキストリンが多くなり、フルボディビール（85ページ参照）の麦汁となる。

また、麦汁の糖濃度を高めるために、水に対する麦芽の分量を増した場合、増せば増すほど糖化にかかる時間が長くなる。

このように糖化では温度を保持する時間を決めることができないため、およそ、20分を経過した頃から、ヨウ素デンプン反応を利用して糖化の終点を見極める。

ヨウ素デンプン反応とは、ヨウ素溶液をデンプン水溶液に加えると青紫色を呈する反応のことである。ヨウ素溶液の元の色は、黄色から茶色である。したがって、もし糖化が終わっていなければ、デンプンが残存しているため、ヨウ素と反応して、多少なりとも元の色とは異なる青なり紫に変色する（陽性）。逆に、糖化が完了していれば、デンプンは存在しないので、ヨウ素の色は変化しない（陰性）。つまり、この反応で色が変化しなくなったときが、糖化の終了と見極めることができるのである。

では、具体的にはどのようにするのか？　ヨウ素液は前述した通り、ドラッグストアーで市販されている、希ヨードを用いる。まず、写真3―25のように、ティッシュペーパーを4つ折りにして、そこに麦汁をレードルから一滴たらす。綿棒の先を、つけすぎに注意しながら希ヨード液に浸し、ティッシュペーパー上を、麦汁を滴下していない部分から、滴下部分を横切るよう

写真3－25
ヨウ素デンプン反応

にその綿棒の先でなぞる。こうすれば、滴下していない部分では、希ヨード液そのものの色となるため、滴下部分が変色しているかどうかわかりやすい。もし青ないし紫に変色すれば、糖化を継続する必要があるし、変色が生じなければ、糖化を終了すればよい。

その他の麦汁づくりの方法

実は、麦汁づくりの方法は大きく二つある。前述した方法は、インフュージョン法といわれるもので、酸休止、タンパク休止、糖化、酵素の失活化と、温度の低い側から単純に、昇温するやり方である。もう一つは、デコクション法といわれ、特に商業醸造のラガー製造で多く使われている方法である。酸休止、タンパク休止、糖化、酵素の失活化の原理や、その最適温度はインフュージョン法と変わるものではない。ただ、昇温させるのに、麦汁の一部だけを抜き取り、別の釜で煮沸して、元の釜に戻すことによって昇温を行なう方法である。もともと、ドイツの伝統的手法で、正確な温度制御ができなかった時代の産物ではある。しかし、麦汁の一部を煮沸させることにより、麦芽の風味をより豊かに引き出すといわれ、現在でも多用されている。この麦汁抜き取りでの煮沸回数は、2回が主流である。

２０１５年にサントリー社から発売された、ザ・プレミアム・モルツ・マスターズドリームというピルスナースタイルのビールでは、トリプルデコクションと称し、3回も煮沸をしている。また、煮沸時に、銅に触れることで、より風味が豊かになるとのことで、煮沸釜と銅のタンクの間で麦汁を循環させているとのことである。

もし銅製の鍋を持っておられるならば、インフュージョン法においても、銅製の鍋を使うと風味が上がるかもしれない。

ホームブルーでもデコクション法は可能である。麦汁づくりをしている鍋とは別に、もう一つ鍋を用意しておき、タンパク休止終了後に火を止めたままにしておき、レードルで麦汁全体の6分の1程度を隣の鍋に移し煮沸する。煮沸したら、それをすべて元の鍋に戻す。この手順を繰り返すことにより、糖化温度まで昇温させれば、デコクション法となる。

4　籾殻の分離（ローターリング）

ホームブルーでは、籾殻の分離は、ザルによるろ過で行なう。写真3―26のように、ザルを別の鍋の上部に引っ掛けて固定できると楽である。この作業自身は、あっという間に終了してしまう。だが、ザルの底から麦汁はしばらく滴り続ける。なお、分離された麦汁は透明ではなく濁っているが問題はない。

写真3－26
ザルでの籾殻分離

ここで、問題になるのは、ザルの大きさである。普通のキッチンのザルの場合、一度に籾殻として取れる量としては、元の麦芽に換算すると400g程度である。写真3―26はまさに400gの残った籾殻である。ここで使う麦芽は900gなので、3回は、このザルでの籾殻の分離作業が必要となる。また、もし麦芽が2kgとなると、最低でも5回、このザルでの籾殻の分離を行なう必要がある。こうなってくると、「楽で精度のよいビールづくり」ではなくなってしまう。

ここで、大型パスタパンに付随しているコランダー（ザル）を活躍させるのである。麦汁づくり終了後、コランダーを引き上げると、写真3―27のように大半の籾殻をコランダーで分離できる。ただし、写真のコランダーは目が粗いので、1割程度の籾殻は抜け落ちてしまう。しかし、2kgの1割であれば200g。そ

写真3－27
コランダーでの籾殻分離離

の程度であれば、普通のザル容量でも充分。つまり、コランダーつきのパスタパンでも、最終的には普通のザルでの分離は必要となる。しかし、それは1回で済む。

この籾殻の分離で取れた麦汁が、一番搾り麦汁であることはすでに述べた。この後、散水（スパージ）をしてさらに麦汁を取ることも可能である。

「とりあえずビール」づくりでは、スパージとして単なる水をかけた。これは、籾殻から残っている糖分を抽出することよりも、蒸発により減ってしまう水分を補水することが主目的であった。

実は、散水する水のペーハーや温度の調整は、存外面倒で「楽で精度のよいビールづくり」に反してしまう。結論から言うと、ホームブルーでは散水は行なわないほうがよい。

5 麦汁煮沸

麦汁煮沸は、一般的に1時間ほど行なう。通常、鍋にフタをして煮込む。この間、暇かといえば、そうでもない。ただ、幸い麦汁づくりのときとは異なり、温度計とにらめっこする必要はない。では、何を行なうのか？ あらかじめ述べておこう。

煮沸前に行なうこと…液面の深さ調べ

煮沸中に行なうこと…火加減調整、灰汁《あく》とり、補水

決まったタイミングで行なうこと…苦味づけホップやハーブの添加、風味づけ・香りづけホップやハーブの添加、清透剤（アイリッシュモス）の添加

次工程の準備として行なうこと…イーストの戻し、冷却の準備

こうしてみると存外、忙しいことがわかるであろう。

以下、各項目に関して説明していく。

液面の深さ調べと補水

煮沸していると、水分がどんどん蒸発していく。麦汁の濃度を故意に高めたければ、蒸発した分の水を補う必要はないが、目標とする初期比重にするためには、蒸発分の水を補う必要がある（133ページ参照）。

蒸発量は、環境、条件、鍋などで大きく異なるので、あらかじめ求めておくことはできない。そこで、煮沸する前に、麦汁の液面の深さを調べておく。使用している鍋に目盛りがあればよいが、大概目盛りはない。そこで、目盛りの代わりとして、菜バシを鍋底から立てる。菜バシを引き出したら液面のところに、マジックで印をつけておく。

煮沸中、20分に一度、火を弱めるか、止めるかして、この菜バシを入れて、麦汁液面が印をつけたところよりも下がっていたら、液面が印の水準まで回復するように、補水を行なえばよい。

火加減の調整

煮沸の開始時点では、なかなか沸騰してこないので、強火とするが、いったん沸騰しだしたら、弱火にしたほうがよい。特にフタをしていると、突沸して鍋から麦汁があふれ出してしまう恐れがある。そうならないように、監視を続けよう。もし、突沸しだしたら火を消してフタを開け、レードルでかき混ぜるとすぐに収まる。

灰汁（ホットブレーク）とり

煮沸しはじめると、10分程度で、こまかく白い泡が表面に出てくる。その泡の集合体の中に、さらに、少し色のついた部分が現われてくる（写真3―28）。この色つきの部分を灰汁（ホットブレーク）と称する。主として、アルブミンなどのタンパク質が熱凝固したものだ。麦汁づくりでのタンパク休止が弱いと、灰汁

写真3―28
灰汁（ホットブレーク）は取り除く

の出現量は多くなる。しゃぶしゃぶで、湯面に浮いてくる灰汁と同じようなものである。

この灰汁（ホットブレーク）は、レードルあるいは網ジャクシを使って取り除く。ホップを添加したときなども、写真ほどではないが、灰汁が出るので、同様にして灰汁を取り除いておく。なお、取り除ききれなかった灰汁は、発酵過程で脂質主体のトリューブ（91ページ参照）とともに沈殿し、最終的には、おりびきで取り除けるので心配には及ばない。

苦味づけホップや味つけハーブの添加

苦味づけのホップの煮沸時間は、45分がよい。煮沸時間45分間というのは、煮沸終了までの45分なので、煮沸開始から15分後に投入するという意味である。

ホップの投入は単純である。摘みたてのホップであろうと、乾燥したまるごとのホップであろうと、ペレットのホップであろうと、そのまま煮えたぎる麦汁中に投入すればよい（写真3―29）。ここではガレーナ種の摘みたてホップ12gを煮沸開始から15分後に添加する。

写真3―29
ホップの添加

味つけハーブに関してもまったく同様である。また、ホップもハーブも、決して、ティーバッグなどに入れたりせず、直接投入してほしい。手間がかかるうえに抽出効率が悪くなるからである。

風味づけ・香りづけホップやハーブの添加

前項の苦味づけホップやハーブの添加とまったく同様にする。投入の時機は、煮沸終了の10分前（煮沸開始から50分後）が一般的であるが、特に香りが飛びやすかったり、ビールに強い香りをつけたい場合は、煮沸のより後半で投入する。

ここでは、アメリカンペールエールの特徴である柑橘類の香りを強くつけたいため、ペレット状のカスケード種のホップ6gを、煮沸終了の2分前に添加する。また、香りづけのハーブ、ここでは新鮮なバジル12gも同時に添加する。

さらに、ビールに強烈な香りづけをしたい場合、煮沸終了後に、麦汁とホップを接触させる。その手法は二つある。一つは、ホップバックと呼ぶ方法。持ち手つきのザル（ストレーナ。実は、煮沸時に不要な固形物を取り除くために使う）に新たなホップを入れて、煮沸が終了した麦汁を、熱いうちに通過させる。もちろんこの麦汁は、別の鍋で受ける必要がある。茶こしの要領だ。

ホップバックよりも、さらに鮮烈にビールに香りをつける手法が、ドライホッピングという手法である。要は、発酵の後半、実際には貯酒しているときに、ホップなりハーブなりを発酵容器内に投入し、そのまま貯酒してしまう方法である。筆者も、香りづけハーブや色づけハーブで、よく使っている手法である。

ただし、植物の葉であれ、実であれ、大概は目に見えない種々の菌（雑菌）が付着している。発酵後に直接、植物を投入することとは、雑菌繁殖でビールを台なしにする危険を覚悟のうえでの行為となる。

貯酒時点では、イーストも餌となる糖がすでに尽きて、大半が発酵活動を終了し、発酵容器の底に凝集沈降している。このイーストの凝集沈降のことをフロキュレーションという。このような状態のときに、アルコールに耐性がある菌が混入したとすれば、できたビールはどんどん変質してしまう。

例えば、イーストは二糖類のうちの酪糖を発酵することができないため、ビールの中には少なからず酪糖が存在している。この酪糖が好きな酪酸菌が入るかもしれない。さらに、アルコールに強い乳酸菌、別名、「火落ち菌」もいる。昔から日本酒醸造には大敵である。さらに、酢酸菌、これは酒精であるエタノールを酸化して、酢酸つまりお酢にしてしまう。

このような失敗を覚悟できなければ、香りづけホップもハーブも、原則通り煮沸終了前には投入するほうが無難である。

清透剤（アイリッシュモス）の添加

香りづけホップと同様、煮沸の後半で、清透剤の一種であるアイリッシュモス（写真3―30）を添加することをお勧めする。アイリッシュモスは海藻を乾燥させた天然材料で、特に風味や香りに影響を及ぼすものではない。ホームブルー商品を扱っているネットショップで購入できる。

添加の目的は、ビールの清透性向上である。ビールの濁りに影響するタンパク質を吸着して沈殿する作用がある。使用する分量は、結局、麦汁中に存在するタンパク質の量に依存し、それは、あまりにも種々の条件によるため、決定できない。筆者は、つくろうとするビール4ℓに、小さじ1としている。

また直接投入せず、メジャーカップに水を100mℓ程度入れて、そこにアイリッシュモスをしばらく漬け込んであらかじめ戻したうえで、この水ごと投入する（写真3―31）。

そのほうが、効果的だといわれている。

イースト添加の準備

イーストの水での目覚まし、あるいは「戻し（リハイドレーション）」が必要な理由は、3章2のイーストの項で述べた（114ページ参照）。ここでは、その具体的な方法に関して述べる。

冷却した麦汁にイーストを添加することをピッチングというが、実際にピッチングを行なう30分から1時間前には、イーストの目覚ましをしたい。そのためには、手順を考えると、麦汁の煮沸を開始したら、早々にこの作業を行なう必要がある。

ドライイースト10gまでは、戻しに使う水は100mℓとする。次の20gまでは200mℓ。ただし、一度にそんなにたくさんは醸すことはまずない。

100mℓの水道水を小鍋で煮沸する。目的は水の除菌である。また、小鍋からピッチングするのは不便であるので、ピッチングに便利な、メジャーカップをアルコールで消毒する。そのカップに先ほどの煮沸した水を注ぐ。その後、イーストを入れても大丈夫なひと肌温度まで冷ます。この際、空気中の雑菌が混入しないように、ラップをフタ代わりにかけておくのがよい。早く冷やしたい場合は、カップごと冷蔵庫に入れる。手で触ってひと肌程度の温度であれば、ドライイーストを秤り（3g）、これをカップ内の水に投入する。水に混ざりにくいので、かき混ぜるが、このときに使用するかき混ぜ道具（菜バシやスプーンなど）は、カップに入れる前に必ずアルコールで除菌をすること（写真3―32）。

冷却の準備

煮沸後の麦汁の冷却は、できるだけ早く行なわなくてはならない。その理由は、タンパク質の析出促進と雑菌混入の危険性の低減である。前者は、先のホットブレーク（127ページ参照）に対してコールドブレークという。

そのために、あらかじめ冷却の準備をしておく。その準備は、煮沸に併行してというより、むしろ前日から必要である。つまり、冷却に使う氷を準備しなくてはならないからだ。できるだけたくさん、氷をつくっておくほうが、足りなくなるよりましである。ただし、冬場で水道水が冷たい場合、氷は不要であろう。また、煮沸後の鍋とは別に、冷却用の鍋を準備しておくのがよい。籾殻の分離のときと同様に、ザルを鍋上に置い

写真3―30
アイリッシュモス

写真3―31
水で事前に膨潤させた
アイリッシュモスを投入する

写真3―32
あらかじめドライイーストの
戻しをしておく

て、このザルで不要となったホップやハーブ、清透剤を除くためである。

6 冷却

冷却には存外時間がかかる。氷につけて、さらに流水にさらして冷やしても、イーストを麦汁に投入する適温（25℃）まで下がるのに20分はかかる。前項にも記したが、煮沸後の鍋とは別に、冷却用の鍋を準備し、籾殻分離の要領で、ザルを鍋上に置いて、不要となったホップやハーブ、清透剤をザルで受け止める。新たな鍋ごと桶に張った氷水につける。まかり間違っても、冷却水が麦汁に入らないように注意すること。写真3―33では、フタ代わりにラップを被せている。鍋には温度計を入れて、麦汁の温度がわかるようにしておくとよい。

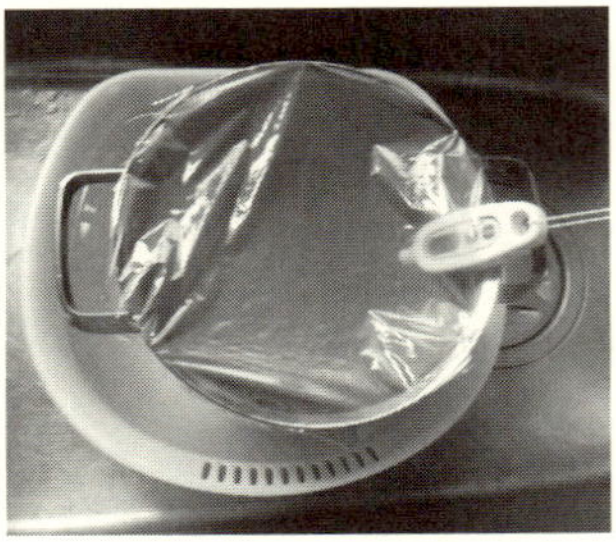

写真3―33
氷水を入れた桶に冷却用の鍋を入れる。フタ代わりにラップを被せる

水道で水を流しておかないと、桶内の冷却水の温度がすぐに上がってしまうので、蛇口を少しあけ、ちょろちょろと水を流しておくとよい。また、氷が溶けたら、新たな氷を追加する。効率的に冷却するために、ときどき鍋をゆすり、中の麦汁を攪拌する。こうすると、麦汁内の温度も均一になる。このようにして、麦汁の温度を室温（25℃程度）にまで下げる。

7 イースト投入

イーストを添加する前に、調べておくべき重要事項がある。それは、麦汁の糖濃度を知る手がかりとなる麦汁の初期比重（108ページ参照）の確認である。また、初期比重と、後述する発酵後の比重（最終比重）がわかると、できたビールのアルコール度数が、いとも簡単にわかるのである（140ページ参照）。自分でつくったビールのアルコール度数は、どうしても知りたいものである。

比重を計るには、比重計に付随している細長い透明容器（シリンダー：５００㎖）を使用する。もしシリンダーがなければ、液量はかなり必要になってしまうが、１・５ℓのペットボトルを使うこともできる。

比重計、シリンダー、あるいはペットボトルはすべて、使用前にアルコールスプレーでさっと消毒しておく必要がある。また、温度計も消毒し測定する麦汁の温度を測ることに使用する。

比重測定は、比重計を麦汁に浮かべて、液面にあたるところの目盛りを読めばよい。ただし、このとき麦汁の液温が10〜26℃である必要がある。冷却することで麦汁がすでにこの温度範囲内にあればよいが、26℃より高ければ、麦汁の冷却と同じ要領で、シリンダー内の麦汁を冷ます。

写真３―34は、アメリカンペールエールをつくる過程で、麦汁温度25℃で測定している写真である。読みは52である。この読んだ数値は、小数点以下２位、３位の値である。したがって、この比重の値は１・０５２となる。アメリカンペールエールの初期比重は１・０４２〜１・０５６なので、予定通りであったといえよう。

もう一つ、イーストを添加する前に、やっておくべきことがある。それは、麦汁に酸素をある程度溶かすことである。酸素といっても、それは空気で充分。「とりあえずビール」の試醸のときは、発酵容器をペットボトルとしたため、フタをして振ることで空気を溶かしたが、今回はそうはいかない。発酵容器に麦汁を移し替えるとき、空気を巻き込むように勢いよく注ぐこともありだが、単純に、除菌したレードル（おたま）を入れて激しくかき混ぜればよい。

写真３―34
初期比重の測定

鍋の麦汁は、直接、鍋を傾けて、広口瓶の発酵容器へ移し替える。そうすれば、否が応でも空気は巻き込まれよう。

さて、いよいよイーストの投入、ピッチングである。煮沸時に準備しておいた「戻し」済みのイーストを、写真3―35のように、単純に発酵容器に注ぐだけである。その後、イーストが麦汁全体に均一に拡散されるように、消毒したレードルで、発酵容器内をかき混ぜる。

写真3－35
麦汁にイーストを投入する（ピッチング）

8 一次発酵

●エアーロックの取り付け●

ピッチングが終了したら、まず、フタをしなければならないが、フタにエアーロックを取り付ける。エアーロックの取り付け方は、発酵容器の中ブタの注ぎ口に穴あきのゴム栓をはめ込み、そのゴム栓の穴にエアーロックを入れるのだが、事はそう簡単にはいかない。写真3―36のように、発酵容器の中ブタの注ぎ口サイズは種々あるうえ、写真の左下の中ブタの口などは、T字状の邪魔板があり、ゴム栓をはめ込めない。実は、写真の他の2つの口にも似たような邪魔板があったのだが、カッターでそれを切り取った。空気が漏れない

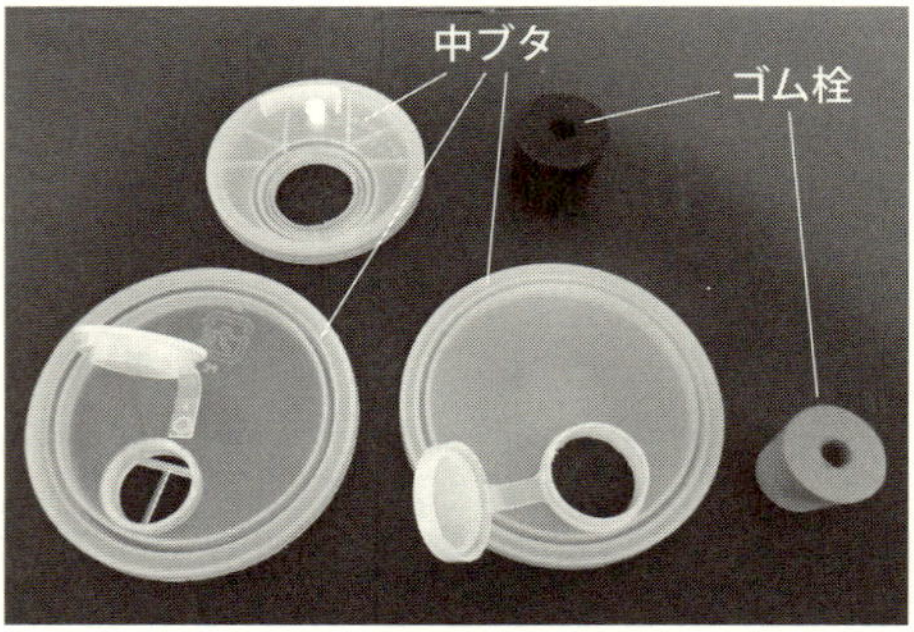

写真3－36
中ブタとゴム栓

ようにできるだけきれいに切り取る必要がある。

ゴム栓は、先細りの形をしているので、ある程度の注ぎ口サイズに対して適合性があるが、ゴム栓の底径（最も細い径）よりも小さい口や、あるいはゴム栓の上部径（最も太い径）よりも広い口には適合できないので、中ブタの口サイズに合わせたゴム栓をあらかじめ準備しておく必要がある。

写真3―37は中ブタの口にゴム栓をはめ込み、さらにエアーロックを取り付けた状態である。また、写真のエアーロックには水を入れている。入れる水の量は少ないほど、発酵容器内のガスが抜けやすくなるのだが、あまりに少ないと、蒸発してなくなってしまう恐れがある。写真の水の量が目安である。

発酵容器にエアーロックと中ブタを取り付けたら、写真3―38のように、空気が漏れてしまいそうな場所に、シールテープをまく。少しでも漏れがあると、エアーロックがきちんと働かず、発酵状態を誤認してしまう可能性があるので、注意深く空気漏れ対策を行なう。なお、このテープは、ホームセンターの水回りの売り場で売られているものである。接着性はなく、テー

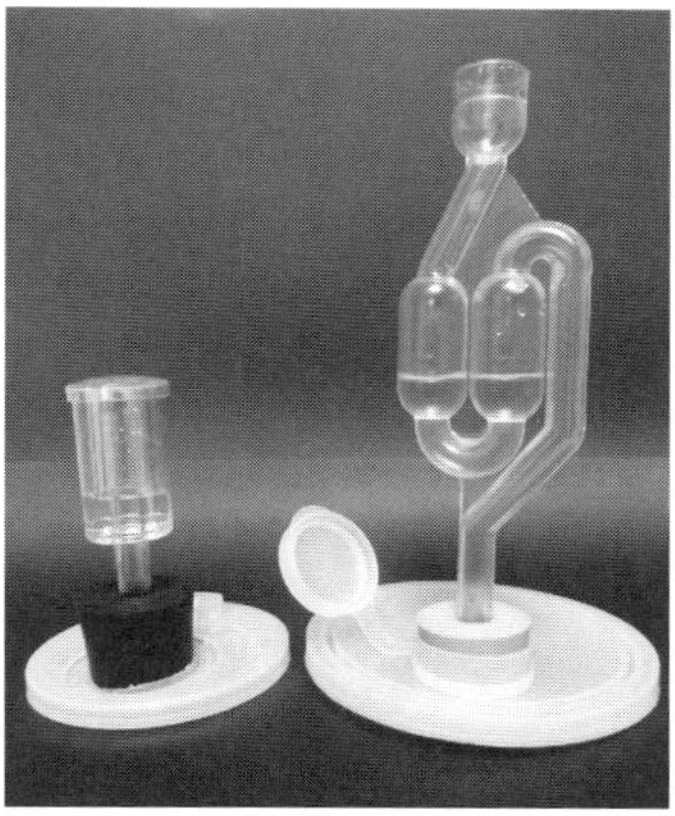

写真3―37
エアーロック（水入り）

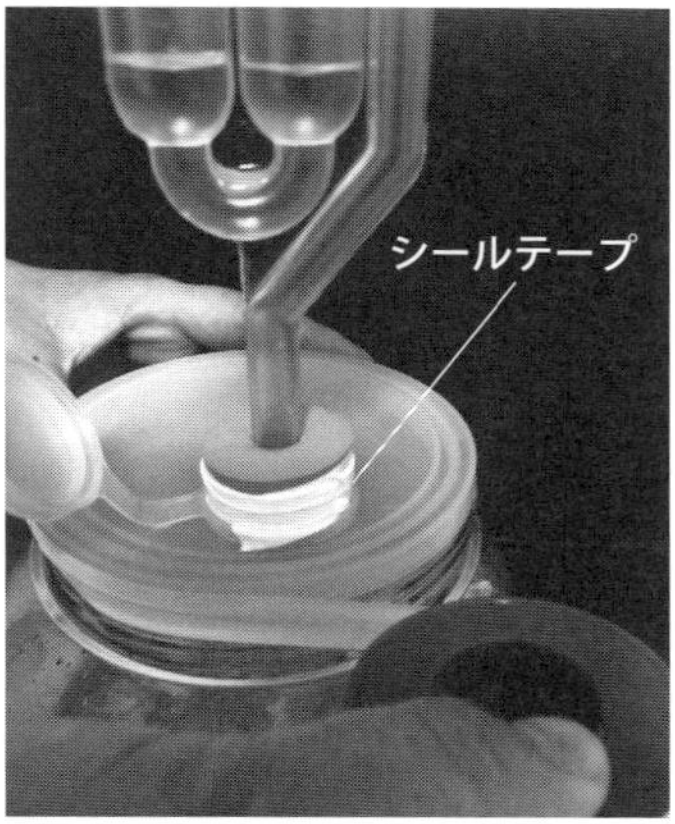

写真3―38
シールテープの巻きつけ

プを引っ張りながら巻きつけると、収縮して着く。切るときも、ハサミを使わずに引っ張って切る。

発酵容器の設置

エアーロックを取り付けたら、発酵容器の置き場を考える。大事なポイントは、発酵温度である。今の日本の居住環境であれば、室温は1年を通じて、18℃から28℃であろう。液温はこれより、若干低めとなる。したがって、エールイーストであれば、ほぼ、1年中室内のどこでもほぼ、設置できることになる。もちろん、エアコンがあることが前提の話である。

ここでは4ℓのビールをつくろうとしているので、発酵容器はせいぜい6ℓぐらいである。この程度の容量と重量であれば、発酵温度が最適となる室温に合わせて、適宜、移動することも可能である。写真3―39はリビングの片隅の棚の上に発酵容器を置いた様子である。また、遮光のために段ボールで囲んでいる。写真にはないが、通常は上部も覆っている。発酵状態を確認するときは、覆いを取る。

エールイースト（上面発酵酵母）であれば、発酵温度が15～25℃であるので、発酵適温の環境を季節を問わず見出すことは簡単だが、発酵温度が5～15℃と低いラガーイースト（下面発酵酵母）では、どこに設置すればよいのであろうか？

実は身近なところに年中、摂氏9℃以下の環境がある。冷蔵庫の野菜室である。そんな場所に発酵容器が入るのか？「とりあえずビール」づくりを思い出してほしい。500㎖のペットボトルである。2ℓのペットボトルも、もちろん立派な発酵容器となる。さらに、5ℓ程度の広口瓶の高さはおおむね30㎝以下であり、中には低背の瓶も市販されている。写真3―40は冷蔵庫の野菜室（9℃）に入れた、5ℓサイズの発酵容器である。

この手法を用いれば、新鮮な採れたてホップが使える真夏でもラガービールをつくることができる。

一次発酵の終了

エアーロックのバブリング回数（一定時間当たりに気泡が出た数）は、発酵規模が大きければ大きいほど、発生する二酸化炭素量が多く、頻繁となる。また、発酵の状態によっても変化する。そのため基準となるバブリングの頻度を決めることはできないので、発酵開始時点の頻度との比較で判断するしかない。ただ、有酸素下の発酵初期では、アルコール発酵時より活発に二酸化炭素が生成される。そのためバブリング頻度も高い。

発酵容器を観察して、液面上部の固形物の周りに、茶色いカス（クラウゼン）が付着していたら、有酸素下の活動は終了しており、この段階のエアーロックのバブリング回数が、アルコール発酵時の最多回数と考えてよい。これ以降、原則として、バブリング回数は減る一方となる。

また、写真3―41のように、クラウゼンが出て、さらに固形物がすべて沈殿物（トリューブ）となっていたら、一次発酵の終了である（91ページ参照）。

写真3－39
遮光して発酵容器を設置

写真3－40
冷蔵庫の野菜室で
発酵させるラガービール

写真3－41
一次発酵の終了の目印
茶色いカス（クラウゼン）が容器上部のガラス壁面に付着し、固形物（トリューブ）が沈殿しているこのアメリカンペールエールでは、室温約25℃で発酵させたとき、一次発酵はほぼ30時間で終了となった。なお、ホップをまるで使用せず、ハーブだけで醸すと、固形物は浮いたままで沈殿しない。

9 おりびきと二次発酵

おりびきとは上澄みを取り、沈殿物を除去することにほかならない。「とりあえずビール」づくり（79ページ参照）では、ペットボトルから漏斗を通して、別のペットボトルに直接移し替えた。この方法では、せっかく分離している上澄み（ビール）と沈殿物（トリューブ）を再び混ぜ合わせてしまう可能性がある。そこで、上澄みを別のきれいな発酵容器に、静かに移し替えるには、サイフォンの原理を応用する。

サイフォンは、移し元の容器（上）と移し先の容器（下）に落差があり、それらをチューブでつなげば可能である。4ℓであれば、量もさして多くないうえ、より静かに移し替えられるため、細めの内径4㎜のチューブ（シリコーン）を使う。また、サイフォンの原理でビールを移す一番はじめは、ハンドポンプを使う。これらの道具に関しては98ページを参照頂きたい。チューブ、ハンドポンプと移し先の発酵容器は、事前にアルコール消毒が必要である。

まず移し元の発酵容器を流しの上に静置し、移し先の発酵容器を流しの中に設置する。次に、チューブの一端を、上澄みの中に入れ、他端はハンドポンプと接続する。その接続先はできるだけ、移し先の発酵容器の口のそばがよい（写真3―42）。ハンドポンプを何度か押すと、ビールが吸引されてチューブの中を進んでくる。ハンドポンプの手前までビールがきたら、ハンドポンプを抜き、チューブの先を発酵容器内に入れる。すると、チューブ先からビールが出るはずである。失敗したらやり直す（写真3―43）。

順調にビールが移りはじめたら、移し元のチューブの先の位置に要注意！　液面から上がってしまったら、はじめからやり直しである。また、チューブの先を沈殿物の深さにしてしまうと、沈殿物を吸い込んでしまうので、注意すること。この醸造では、トリューブな

写真3－42
チューブと接続したハンドポンプ
ハンドポンプは移し先の発酵容器の近くに置いている

写真3－43
サイフォンでのおりびきの様子

どの沈殿物として約５００㎖をロスした。

おりびき後、新たな発酵容器に、一次発酵と同様、エアーロックを取り付け、遮光して静置することで、二次発酵を行なう。発酵温度も一次発酵のときと同様である。

エアーロックのバブリングが生じなくなったら、二次発酵も終了である。本当に発酵が進行したかの確認は比重測定で確認できる。

この醸造では、ほぼ室温25℃で醸したとき、二次発酵は60時間でほぼ終了となった。ここでの発酵条件を要約すると、室温25℃で、一次発酵30時間、同温度にて二次発酵60時間であった。

10 最終段階と貯酒

最終比重とアルコール度

最終比重の測定は、初期比重の測定とまったく同様の手順で行なう。写真３―44は、この醸造で、二次発酵を60時間で終えて、比重を測定したときの写真であ

写真3－44
最終比重測定

る。もし、これ以上、貯酒を除いて発酵を継続しなければ、ここでの比重が最終比重となる。値は、1・010であった。

実は、この最終比重と、初期比重（133ページ参照）がわかると、簡単に体積アルコール度（ＡＢＶ％）、つまり、日本での一般的表記のアルコール％がわかる。

初期比重と最終比重の差を130倍するだけである。この醸造の場合、初期比重（1・052）と最終比重（1・010）の差は、0・042で、これを130倍にすると、5・5、つまり、このアメリカンペールエールのアルコール度数は5・5％であるということだ。

プライミングシュガーの添加

二次発酵が終わったら、ビールの泡を生み出す大元である二酸化炭素を、ビールに溶け込ませる。一次・二次発酵では、発生した二酸化炭素は、エアーロックを介して、ビールに溶けることなく外気に放出したが、瓶詰して打栓したら、もう二酸化炭素は逃げ場がないので、ビールに溶けざるを得ない。とは言え、一次・二次発酵を終えたビールの中には、糖は残っていない。そこで、砂糖（プライミングシュガー）の添加である。添加量はビール1ℓ当たり6ｇである。当初4ℓ程度であったが、おりびきで500㎖ロスしているので、3・5ℓになっている。したがって、必要な砂糖の量は、21ｇである。

砂糖を直にビールに投入してはならない。まず、砂糖の除菌が必要である。そこで、小鍋に適当量の水（100㎖程度）を煮沸し、そこに砂糖を入れて溶かす。こうして熱湯消毒するわけである。ただし、熱湯のまま投入してはいけない。冷まして、とは言え室温まで冷ます必要はなく、やや熱い程度であれば、発酵容器内に投入する（写真3―45）。投入したら、アルコールで消毒したレードル（おたま）でよくかき混ぜよう。

その後、沈殿物が沈降し落ち着くまで、10分程度辛抱しよう。沈殿物は、おりびきで除いたはずでは？と思われるかもしれないが実は、おりびきで除去しきれなかったごく少ない沈殿物（トリューブ）のほか、おりびき後の二次発酵で活動したイーストが、活動停止後に凝集沈殿（フロキュレーション）したものがある。

プライミングシュガー添加後、沈殿物が落ち着いたら、瓶詰である。

写真3―45
プライミングシュガーの添加

瓶詰と打栓

まず、ビール瓶の洗浄と消毒が必要である。瓶としては、クラフトビールでよく用いられている、小・中瓶（330㎖・500㎖）がよいと思われる。3・5ℓ程度のビールができているから、中瓶7本である。瓶をざっと洗ったら、7本程度であれば、アルコールスプレーで除菌したほうが楽である（写真3―46）。

次に、王冠を準備する。こちらの除菌は煮沸消毒す

写真3―46
ビール瓶のアルコール消毒

写真3－47
王冠の煮沸消毒

写真3－48
サイフォンで瓶詰

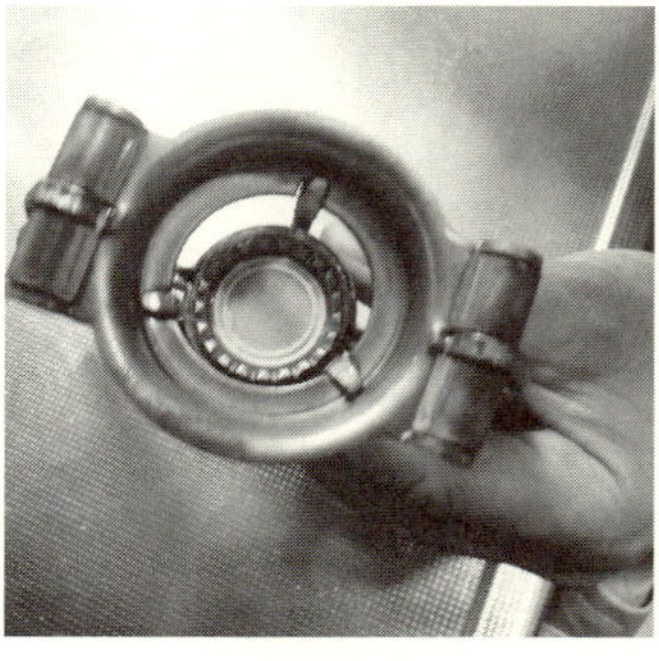

写真3－49
打栓器に王冠をセットする

るのが楽で手っ取り早い。写真3―47のように、鍋に王冠を入れて煮沸すれば終わりである。王冠を取り出すのにトングがあると便利で、トングもついでに熱湯消毒してしまおう。

さて、瓶にビールを入れるのだが、おりびきで紹介したサイフォンで行なうのが、量を調節しやすくてよい（写真3―48）。

瓶に入れるビールの量は、多すぎても少なすぎてもよくない。前者の場合は、二酸化炭素の圧が上がりすぎて瓶が壊れる恐れがあり、後者の場合は、溶ける二酸化炭素が不足する可能性がある。瓶の上部に2～4cmの空間ができる程度の量がよい。

次に、王冠の打栓であるが、まず、トングを使って、打栓器のマグネット部分の王冠受けに王冠をセットする（写真3―49）。

マグネットになっているので、逆さにしても落ちない。瓶の上部に、先ほどの王冠がうまくはまる位置まで打栓器を持っていく。そして、左右のレバーをできるだけ均等な力で少しずつ下方に押してゆく。すると、いったん止まるポイントがある（写真3―50）。そこから、やや力を入れて、さらに下方にレバーを下げる。あるところで力が急に弛緩する。それが打栓の完了である。後は寝かせて待つのみとなる。完成した7本を並べたのが写真3―51である。

貯酒

瓶詰後、夏場で3～5日は常温で貯酒しても大丈夫である（気候にもよるが）。その後はなるべく、冷蔵庫で保管しよう。飲むまでは、さらに最低2週間は待ったほうがよい。

写真3－50
打栓器で王冠を止める

写真3－51
完成（貯酒前）

11 手づくりのラガービール（下面発酵ビール）

アルコール度数の高いビールづくりにはコツが必要

発酵温度と発酵時間を除けば、下面発酵ビール（ラガービール）のつくり方は、上面発酵ビールのつくり方と何ひとつ変わらない。むしろ、上面発酵、下面発酵による差よりも、アルコール度数の高いビールづくりで、つくり方に差が出てくる。例えば、上面発酵ではバーレーワイン、下面発酵ではドッペルボックがそれに該当するが（表3―11、114～115ページ参照）、これらのアルコール度数の高いビールづくりの場合、麦汁中の糖濃度が高いので、つくり方に、多少、コツが必要となるのである。そこで、下面発酵ビールづくりに、アルコール度数の高いビールづくりを織り交ぜて、以下に手短ではあるが、その特徴を説明しよう。

ドッペルボック

ドッペルボックとは、フルボディでアルコール度数が高く、そして、麦芽の風味が豊かな濃色系の下面発酵ビールである。ホップはさほど効かせていない。特徴からは、アメリカンペールエールの対極にあるといえよう。なお、ドッペルとは、ダブルの意味で、ボックの強力版というほどの意味。また、ボックというのは雄山羊のことで、飲むと雄山羊のように元気になることから名づけられているとのこと。

こんなビールに、果たして家庭菜園で栽培したハーブは合うのかとの疑問が湧く。しかし、実は、ドイツやアメリカには、チェリーボックとか、イチジクボックなど、フルーツを漬け込んだボックビールがある。筆者の経験では、このスタイルにはシード（種）系ハーブが合う。

高いアルコール度、フルボディを実現するために、麦芽分量を多くしなければならず、したがって初期比重（133ページ参照）も高くなる。ドイツでは、ドッペルボックの初期比重は1・072以上と法律で定められている。

表3—13に、ドッペルボックを約4ℓつくる場合の各材料と分量を示した。

仕込み水に対して麦芽が多いときのコツ

まず、仕込み水に対して麦芽が多いことに驚くであろう。こんなとき麦芽は、やはり丸粒ではなく、ひきわりであると大変楽である。水に対して麦芽が多いときの特徴と対応のコツを、以下にあげる。

①**麦芽による水の吸収が多い**→あらかじめ、吸収による水分の不足を考慮した分量としておくこと（表3—13では、考慮済み）。

②**麦汁づくりのとき、麦汁内の温度が不均一になりやすい**→大変ではあるが、レードル（おたま）で常に攪拌をすること。

③**糖化に時間がかかる**→ドッペルボックのようにフルボディビールであれば、糖化温度を高め（67℃）に設定することにより、糖化時間は短縮化される。しかし、アルコール度数が高いがフルボディではないスタイル、例えば、ＩＰＡやベルジアンストロン

グエールなどでは、時間短縮を目指してはいけない。

④**麦汁に対して籾殻の量が多い**↓籾殻由来のオフフレーバー（147ページ参照）、特に収斂臭（アストリージェント）が生ずる危険性が高まるので、散水（スパージ）はしないほうがよい。また、酵素の失活化（マッシュアウト）は、77℃で5分以内とする。

⑤**煮沸時、ホップのアルファ酸がイソ化**（24ページ参照）**しにくい**↓苦味づけホップの煮沸時間を長くするか、分量を多めとする（表3―13では、考慮済み）。

表3―13　**ドッペルボックの材料（ビール4ℓ分）**

材料		仕様	分量
仕込み水	エビアンまたはヴィッテル	硬度300	4.5ℓ
麦芽	ミュンヘン麦芽	SRM：5～7 EBC：12～17	1440g
苦味づけホップ	カイコガネ	アルファ酸量 4～8%	乾燥で8g 新鮮で16g
ハーブ	フェンネルシード	ひきわり	20g
イースト	ラガーイースト	AA%＞80%	4g

ラガーの発酵

ラガーの発酵温度は、5～15℃と低いため、冷蔵庫の野菜室で発酵することは前述した（136ページ参照）。冷蔵庫の野菜室は、年中ほぼ温度が6～9℃程度と一定しており、野菜室のドアを開放しているとき以外は遮光されているため、夏場のみならず、年中ラガーの発酵や貯酒に最適なのだが、二つ問題がある。

その一つは、イーストの株にもよりけりではあるが、最適温度というには、やや低めであること。そのため、発酵に時間がかかることである。表3―13のドッペルボックでちょうど3週間を要する。また、瓶詰後の貯酒も通常1カ月、ドッペルボックの場合は約2カ月冷蔵庫を使用するので、野菜室の一部を占有する期間はかなり長い。

　また、もう一つの問題点は、エアーロックを含めた、発酵容器の高さである。どのようなエアーロックでも存外、高さが必要で、せっかく、発酵容器が冷蔵庫に入ってもエアーロックが入らない事態が生じうる。

　このような場合、エアーロックの代わりにブローオフチューブを使う。ブローオフチューブとは、エアーロック機能もさることながら、初期に発生するクラウゼン（90ページ参照）を、発生する二酸化炭素の圧力を利用して発酵容器の外へ、チューブを通して吐き出す仕掛けである（90ページ参照）。

　ブローオフチューブの構成は、いたって単純である。発酵タンクの上部に、空気が漏れないように、チューブを接続し、別の容器に水を張り、その水の中にチューブの反対側を入れただけのものである。写真3—52では、1・5ℓのペットボトル3本を発酵容器として使用し、ペットボトルの頭に、100円ショップで売られているペットボトル用のストロー付キャップをつけ、シリコーンチューブを接続している。シリコーンチューブの他端は、ジャム瓶に少しだけ張った水の中に入れている。このサイズは冷蔵庫の野菜室に直立で入れることができる。

　実は、この写真の場合、ブローオフチューブの元来の目的である、クラウゼンの除去に使用しているのではなく、エアーロックの代替目的でのみ使用している。ジャム瓶で、二酸化炭素の気泡（バブリング）頻度を確認するのだが、エアーロックよりも、よくバブリングする。

　なお、元来の目的であるブローオフ（クラウゼンの除去）に用いようとすると、液面とチューブの高さを近づける必要がある。この調整は難しく、遠すぎると単なるエアーロックになってしまう。近づけすぎたり、液中にまでチューブを入れると、麦汁そのものが抜けたりしてしまう。

　また、写真3—53は、4ℓの発酵容器にブローオフチューブを取り付け、冷蔵庫の野菜室に入れた状態のものである。

写真3−52
ブローオフチューブの一例

写真3−53
野菜室に入れた4ℓの発酵容器

12 オフフレーバー（不快な味・匂い）

最後にせっかくつくったビールを台なしにしてしまう可能性がある、オフフレーバー（不快な味・匂い）に関して、手短に述べる。代表的なオフフレーバーの不快性とその発生要因および回避方法に関しては、表3—14にまとめた。

ビールを構成している成分は、エチルアルコールと残存している糖分と水分、あと二酸化炭素ぐらいと思われているかもしれない。しかし、実は何百種類もの物質が含まれているといわれている。時として、その構成成分のバランスが崩れることも当然、起こりうる。そんなバランスの崩れ、つまり、ある特定の成分が必要以上に多くなること、そして、それをヒトが知覚できてしまうこと、それを、通称オフフレーバーという。

大概は、不快な味、風味、匂いのことである。結構、プロのつくるビールにも含まれている。もしかすると、それと知らずに、オフフレーバーのあるビールを美味しいと思って飲んでいるかもしれない。それは残念な

回避方法	良し悪し
イーストが原因の場合、次回は別のイーストを購入し直すしかない。また、一次発酵で極力外気を遮断する	ビールらしからぬ香りだが、存外、爽やかでそこそこ良い匂いとも言える
麦芽の粉砕しすぎに注意。煮沸前の籾殻分離の徹底（はじめから、ひきわり麦芽を購入する）。散水（スパージ）せず、一番搾りにこだわる	決して好ましい風味ではない。ところが、クラフトビールでは、このオフフレーバーがあるものが多い
イーストの代謝を活発にし消滅反応を促進するため、発酵温度を高くする。ラガーでは20℃で24～48時間保つと消滅反応が促進できる。また、発酵前に過剰に酸素を入れてはいけない	ライトボディ（85ページ参照）にはふさわしくないが、芳醇で濃厚なビールであれば特徴となりえる
幸いDMSは70℃以上で揮発するので、きちんと煮沸すればよい。また、発酵時の二酸化炭素の泡抜けでも揮発するので、発酵時のエアーロックで気泡抜けを阻害しないようにする	ビアスタイルの一種に牡蠣スタウトというものがあって、わざわざ牡蠣を添加し、牡蠣風味をつけている。好みは人それぞれである
イーストの過剰投入を避ける	エステル類は数多く、ビアスタイルによってはむしろ、必須成分となる。ヴァイツェンのバナナ臭は、酢酸イソアミルというエステルである。ただ、酢酸エチルはシンナーそのものの主成分である
発酵中も貯酒中も、さらには瓶詰後も、極力、遮光し、光をあててはいけない	絶対的にあってはならない……と思う
発酵時の空気遮断。また、おりびき時の空気接触時間を短くすること、およびサイフォンで空気をかまないようにすること	複雑でなんとも言えない
消毒の徹底	ベルギーのランビックビールにはグースというスタイルがある。これは非常にすっぱいが、それが特徴である
消毒の徹底	たまご臭は好ましくないが、プロのビールでも時折、感じることがある
一次発酵終了時点でおりびきをきちんと実施する	個人的には、ボックなどでは、イースト臭がするほうが美味しいと思う
塩素系の消毒はやめ、アルコール消毒にする	好ましいとは言えない

表3－14　**オフフレバー（不快な味・匂い）の発生要因と回避方法**

オフフレーバー名	匂い／不快点	原因物質／発生要因
アセトアルデヒド	青りんごのような匂い	図3－3（89ページ参照）を見てわかる通り、そもそもイーストがエタノールを生成する前段階の物質がアセトアルデヒドである。イーストの異常で生ずるが、エタノールが酸化されても生ずる
収斂臭 **（アストリージェント）**	渋い番茶のような風味	麦芽の籾殻から出るタンニン（ポリフェノール）が主因。麦芽の粉砕のしすぎで、煮沸前に籾殻分離が不充分であったり、散水（スパージ）のときの水のペーハーが高いと生ずる
ダイアセチル	バターのような匂い 特に発酵バター	イーストが発酵する際の、ピルビン酸とアセトアルデヒドが反応し、ダイアセチルが生成する。これは必ず生成されるが、通常、消滅反応も進行する。消滅反応が阻害されると出現する
DMS（硫化ジメチル）	牡蠣のような匂いと風味	DMSは大麦を発芽させる段階で発生するアミノ酸の一種であるメチオニンから生成される。素人の発芽では制御できないといわれる
エステル（エステリー）	シンナーやラッカーの匂い バナナなどの果実の香り 日本酒の吟醸香	アルコールと酸が結合するとエステル化合物ができる。イーストの活動でも生成される。高温で発酵すればするほどエステルは多くなる
スカンク臭	スカンク臭	ホップ中のアルファ酸が光により活性化され、硫化水素と反応し、メルカプタンといわれる、スカンク臭の原因物質が生成される
酸化	酢の風味 青りんごの匂い ナッツ風味	酸素が存在すれば、酸化物を除いて、ありとあらゆる物質が酸化される。一口で原因物質を言うことはできないが、なかでも困るのは、アセトアルデヒドの酸化による酢酸（お酢）の生成である
酸味	すっぱい味	雑菌による、種々の有機酸の生成
硫黄臭	たまごのような匂い 温泉のような匂い	アミノ酸である、メチオニンやシステインがイーストの代謝により硫化水素となるのが一因。ほかにも雑菌により発生する
イースト臭	パンのような匂い	活動を終えたイーストを発酵時にそのままにしておくことで生成する
プラスチック臭	プラスチック的匂い	塩素系消毒での残留塩素化合物が、麦汁内のフェノールといわれる化合物と反応して、クロロフェノールが生成されるのが原因

こと？　いやいや！　まったく残念なことなどではない。実のところ、不快な味、風味、匂いは、人によりけり、ビアスタイルによりけりであって、必ず避けなければならないものではないし、避けがたいものもあるし、いや、それどころか、故意に強調しているものすらある。もちろん、ほぼすべての人が不快と感ずるような匂いは避けなくてはならない。

表3―14には、まったく筆者の主観ではあるが、そんな良し悪しに関しても記した。

表3―14では、主要な発生要因に関してのみ記していて、実際には、別ルート、特に雑菌が原因物質を勝手に生成してしまう場合が多々ある。それは、除菌の徹底以外に回避方法がない。ただ、雑菌が発生する風味ですら、時として美味しさの要素となる可能性があることを付け加えておこう。

コラム
02

ホップを使わないビール

本文で、ホップを使わずハーブだけを用いた中世のビール（グルート）について触れたが（30ページ参照）、現代において、ホップを使わないビールはあるのだろうか？　もちろん、ホームブルーでは醸造できるが、市販のビールとして商品化されているのであろうか？

多様なビールがあるベルギーではどうであろう。

中世の面影を強く残すベルギー第三の都市ゲントにそれはある。その名もゲントグルートシティブルワリーが醸すゲントグルート（Gents Gruut）である。２００９年に女性醸造家が設立。現代の醸造技術と中世のグルートを融合して開発されたビールとのこと。

さすがビール王国ベルギーである！

4章

手づくりビールで ビアパーティーを楽しもう

自分でつくったビールが美味しかったら、そのビールを家族や知人にも飲んでもらいたいものである。単に普段の食卓で、手づくりビールをグラスに注いで飲むのも、もちろんよいし、また、知人へ手づくり瓶ビールを贈り物としてもよい。しかし、ビアパーティーを開いて、普段とは違った雰囲気で楽しむのはどうであろう。

　本章では、自家製ビールならではの、さらには自家製ホップがあればこその、ビアパーティーの楽しみ方のヒントを紹介しよう。

1 ビアパーティー用のビールの楽しみ方

　せっかくビアパーティーで飲むのであれば、瓶ビールではなく、開栓したての樽からビアサーバーを使ってグラスに注いで飲みたいものである。しかし、樽はおろか、ビアサーバーもない。

　ホームブルーでも、瓶詰せずに、ステンレス製のケグと称する樽で貯酒し、飲むときは、そのケグに二酸化炭素のボンベを使って、そのガスで圧力をかけることにより、ビールを押し出してグラスに注ぎ入れることもある。しかし、このやり方はコストがかかるうえに、ボンベまで使うので、家庭向けとは言いがたい。でも、大丈夫。ちょっとした工夫で、とても安価に、使いやすい樽とサーバーをつくる方法を紹介しよう。パーティーに来た人たちもびっくりすること請け合いである。

●樽代わりのペットボトルでビールを貯酒●

「とりあえずビール」づくり（80ページ参照）の貯酒では、５００㎖の炭酸飲料用ペットボトルを使ったことを覚えておられるだろうか？　実は、これを大型化すれば貯酒樽となる。しかし、残念ながらわが国の炭酸飲料用ペットボトルの最大サイズは1・5ℓである。これ以上大きくすることはできない。ビールを4ℓつくっていれば、1・5ℓのペットボトルは3本必要となる。この1・5ℓのペットボトルを瓶の代わりにビア樽として使う。このペットボトルのフタに少し細工をしておけば、空気入れの空気圧でペットボトルの中のビールを押し出して、グラスに注ぎ入れることができる。なお、注意点として、必ずボトルの底が圧力容器タイプのものであること、つまり炭酸飲料用のペットボトルであることを忘れてはならない。

二酸化炭素ではなくて空気で押し出すなんて、と思われるかもしれないが、実はプロ仕様でも空気で押し出す手押し式のサーバーはあるし、イギリス伝統のリアルエールは、ビアパブでも、空気圧を利用するハンドポンプで注ぐのが由緒正しき注ぎ方である。パーティーのときの薀蓄としてほしい。

さて、瓶の代わりにペットボトルを使うわけだが、どの時点で発酵容器から、この樽、つまりペットボトルに切り替えるのか？ 瓶の代替であるため、瓶詰の場合と同様、原則としてプライミング（砂糖を添加）した後である。当然、サイフォンを用いて沈殿物を避けて、発酵容器からペットボトルに移し替える。移し替えたら、ペットボトルのフタをギュッと締めて、冷暗所で、あるいは長期貯酒する場合は、冷蔵庫で貯酒しよう。以上で樽の準備は完了である。

ビアサーバーをつくる

ビアサーバーの構成は、①ビア樽、つまりペットボトル、②手動の空気入れ（浮き輪用など）、③シリコーンチューブと④ブローオフ（146ページ参照）と似た構造のフタから成る（写真4―1参照）。また、パーティー開始から時間が経つと、つまり冷蔵庫からビールを出して時間が経つと、ビールの温度が上がってしまうため、ビールを注ぐときに瞬間冷却する冷却器があると、完璧なサーバー構成となる。瞬間冷却というと仰々しく聞こえるが、何ということはない、⑤なまし（コイル状）の銅管（写真4―1参照）とクーラーボックスがあればできてしまう。ただし、好きずきではあるが、アルコール度数が高いビールなどは、冷やさずに飲んでも美味しい。

実は、実際に工作が必要なのはペットボトルのフタだけである。後はシリコーンチューブを接続するだけだ。

フタは、100円ショップで売られているペットボトル用のストローキャップ（写真4―2）を改造してつくる。このストローは、普通のストローより丈夫な（固い）ものである。キャップからストローを外せるものや、外せないものなどさまざまな種類のストロー付キャップがあるが、いずれでも使える。写真4―2のものはストローが外せる種類である。

フタの裏の外周には、空気の漏れを防ぐ構造があるが、それを避けた位置に、もう1本、同じストローを

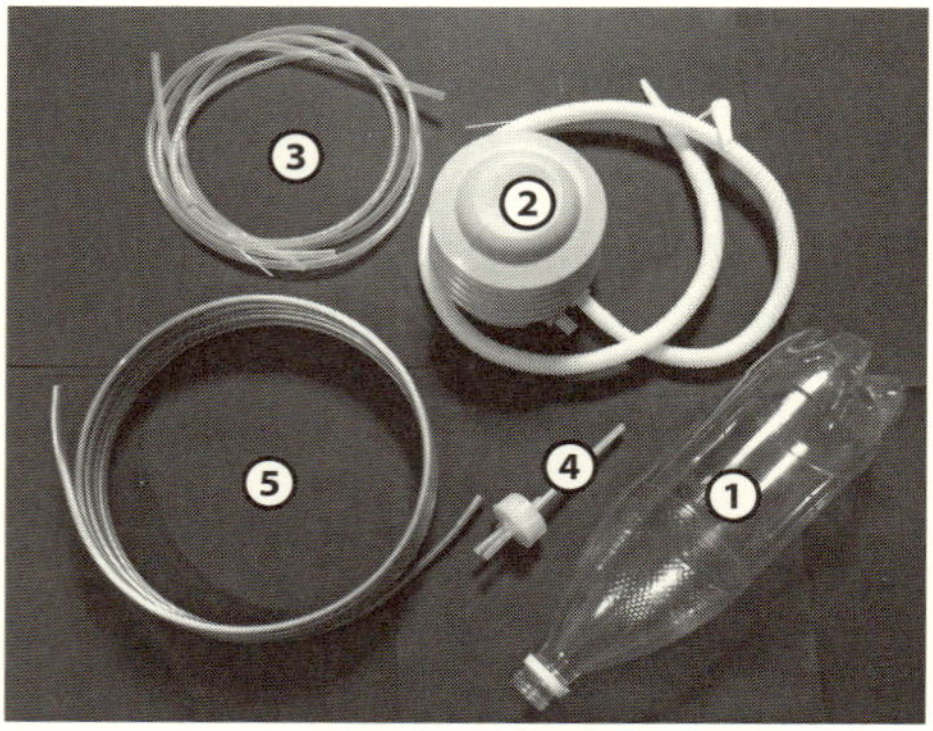

写真4－1
①ペットボトル、②空気入れ、
③シリコーンチューブ、④フタ、
⑤コイル状の銅管

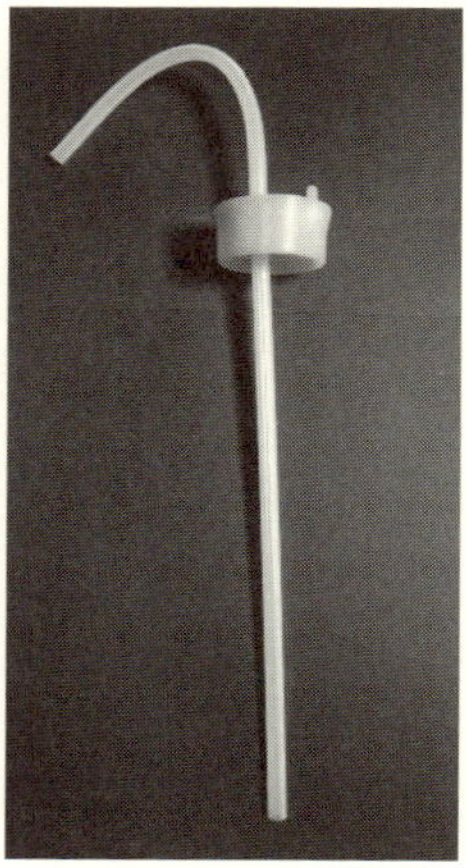

写真4－2
ストロー付キャップ

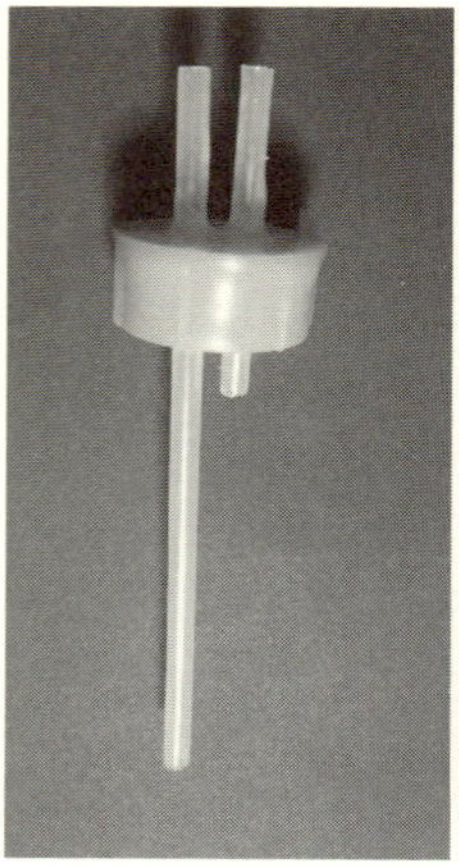

写真4－3
右：短いストロー
左：長いストロー

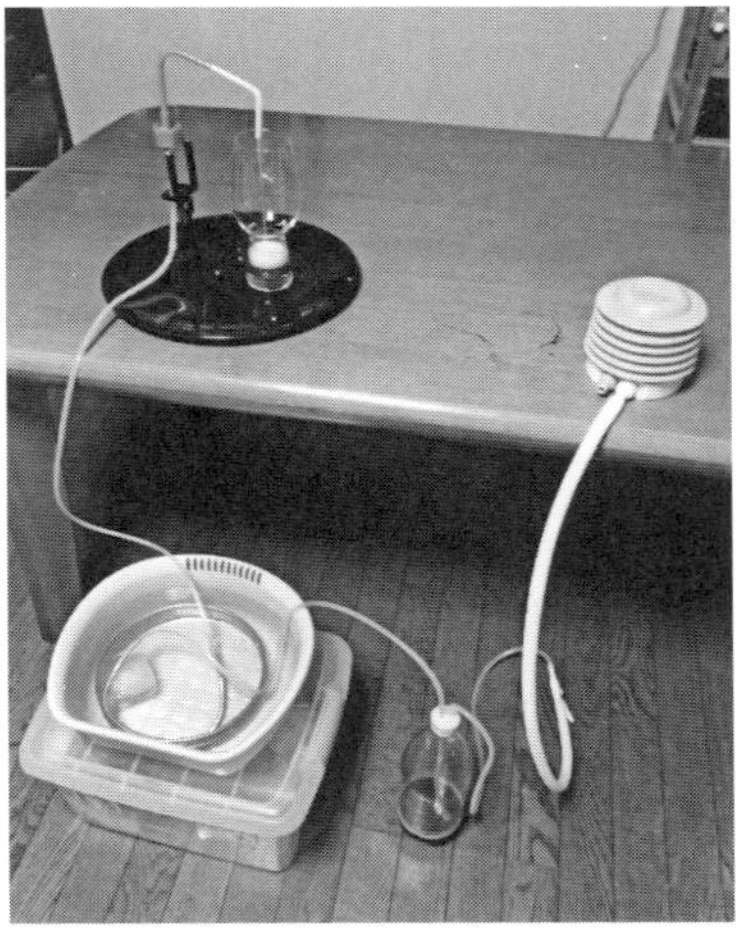

写真4−4
ビアサーバー全体

通すための直径5㎜の穴を開ける。ドリルがない場合、ホームセンターで直径5㎜のドリルの歯だけを購入し、手でドリルの歯を右回しに、やや力を入れて回せば、簡単に穴を開けることができる。付随していたストローは、ハサミで曲線部分を切り落としてしまい、ストローの直線部分は4㎝程度の短い部分とそれ以外の長い部分とに二分する。二分したストローを、それぞれの、穴に通す。写真4―3のように、短いほうのストローは、キャップの内側（写真での下側）が常にビールの液面より上の状態になるような位置とする。穴とストローの隙間を完全に埋めて固定するために、接着剤を使う。接着剤が完全に固まったら完成である。

　後は、図4―1に示したように、各管をシリコーンチューブでつなぐだけで、立派なビアサーバーのシステムが完成する（写真4―4）。

　図4―1にチューブの番号を入れてあるので、その番号に従って、つなぎ方を説明する。

①空気入れは、空気の入口と出口があるので、必ず空気が出る側に①のチューブの片端を接続する。普通、空気入れには、チューブの径に合わせられるよう、ノズル口が何個かついているので、合うものを使う。他端は、作成したフタの短いほうのストローにつなげる。

②このチューブは、ペットボトル内での長さ調整用である。フタにつけた長いほうのストローの下に接続して、ペットボトルの底より少し上になるよう調整する。完全に底につくようにすると、沈殿物を吸い込んでしまう。それを防ぐためである。

③ペットボトルと、クーラーボックス内に入れた銅製なまし（コイル状）管を接続するチューブである。銅

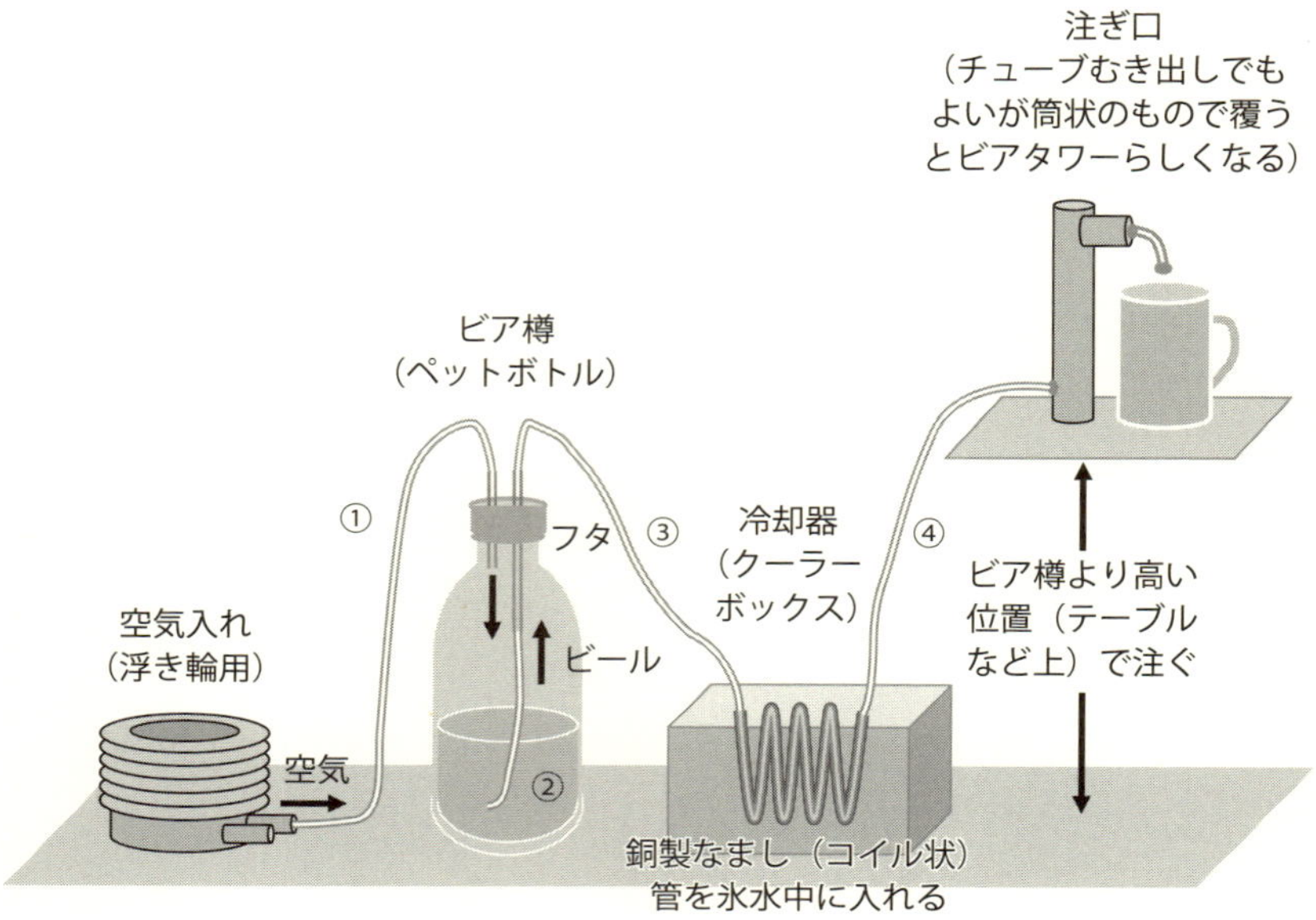

図4―1　**ビアサーバーの全体図**

製なまし（コイル状）管は、太さ6㎜程度、長さ1〜3ｍのものを使う。長いほど冷却しやすいが、そのかわり空気を押し出すときに、より力が必要となる。アマゾンなどのネット通販で通常5ｍ、2000円程度で販売されている。やや高価かもしれないが、ビールを一度に10ℓ以上つくろうとする場合、煮沸工程の後の麦汁を急冷するときには、この手の冷却用の備品は重宝する。多量につくるのであれば、購入して損はない。

銅管は氷水に沈めるので、銅管とチューブの接続に隙間があると、ビールに氷水が混ざったり、逆にビールが氷水に漏れたりするので、接続部分に漏れがないことを確認すること。可能であれば、氷水面より上で接続する。

また、もし、銅管が手に入らなければ、③と④のチューブを1本とし、このシリコーンチューブ約1・5メートルをコイル状に巻き、クーラーボックス内の氷水につけるようにすればよい。なお、クーラーボックスがなければ他のもので代替してもよい。

また、それすら面倒であれば、直接ペットボトルのビア樽を氷水につければよいのだが、この場合、ペットボトルに高さがあるので、できるだけ、ペットボトルの上部まで冷やす必要がある。ただし、その場合、ペットボトル内のビールの量が減ると、ボトルごと氷水面に浮いてしまうので、あまりお勧めできない。

④このチューブは、銅管から、注ぎ口までのものである。

注ぎ口は、必ず、ペットボトルよりも高い位置でなければならない。もし、逆であると、空気入れを押していないときも、サイフォンの原理で、ビールが出続けてしまう。大気圧がビールにかからないのに、なぜサイフォンの原理が作用するのかと思われるかもしれないが、金属製の樽とボンベの組合わせと異なり、ペットボトルは思った以上に収縮してしまううえに、空気入れも収縮してしまうためである。なお、空気入れの場所や高さは、どこでもよい。図4―1とは異なるが、注ぎ口に近い場所に空気入れを置くと便利である。

チューブと各部分の接続部分は、しっかりと締めておこう。空気圧がかかったときに外れて、ビールが飛び散ったらパーティーが台なしになりかねない。

注ぎ口は、チューブのままだと味気ない。せっかくのビアパーティーなので、少し飾りつけをするのはどうであろう。インターネットで「ビアタワー」と入力し検索してみると、それらしいビールの注ぎ口の写真が多数みられる。それらの写真を参考に、独自に飾りつけることをお勧めする。注ぎ口の下には、ビールがこぼれたり、あふれたりしたときのために、受け皿あるいはトレーを置いておこう。

コラム 03

ヤチヤナギとは

欧州中世のグルートにはヤチヤナギが多用されていたというが、どのような植物なのであろう。ヤマモモ科の低木で、ホップと同様、雌雄異株。北海道以外では、東北の一部と尾瀬、そしてなぜか、愛知県、三重県の湿原にのみ分布している。ヤチヤナギの芳香には睡眠作用がある。不思議の国のアリスは、ヤチヤナギの群生中で夢を見たとか?

2 ビアパーティー用の料理

ビアパーティー用に、毬花のついているホップを、テーブルの上にさりげなく飾っておこう。また、ビールにハーブを使っていれば、そのハーブも飾れば一層おしゃれだろう。

ハーブはもちろん、ホップも食べることができる。そこで、ホップを使ったパーティー用のレシピを紹介する。

ホップを料理に使う

ホップといえば、毬花ばかりを思い浮かべるが、食べられる部位は毬花ばかりではない。早春、芽吹いたばかりで、完全に地表には出きっていない白い状態の芽を、ドイツではソテーにして食べる。ホップフェンシュパーゲルという名の料理である。また、つるが伸び盛りの時期の若芽の部分は、ソテーにしても煮びたしにしても美味しい。味はわらびに似ていると思う。

でもやはり、パーティーでは、毬花を出したい。ところが、毬花のルプリン（実際にはアルファ酸）を調理で熱しようものなら、イソ化して、ものすごく苦い料理ができてしまう。お世辞にも美味しいといえる代物ではないことが通例である。ホップ料理の基本は、その爽やかな香りと、ほんの少しだけ、大人の苦味があるところであろう。だとすると、あまり熱を加える料理はお勧めできない。

そんな毬花ではあるが、毬花になってしまう前の段階、これを通称、蕾（写真4―5、クリスタル種）と称するが、蕾にはルプリンがないため、煮ても、揚げても苦くならない。特に筆者は、これをさっとゆでてポン酢をかけて食べるのが好きである。

この蕾は、毬花と同時期にも存在している。毬花の料理だけでは物足りないときには、この蕾の料理はお勧めである。

さて、本命の毬花の料理である。できれば、アロマホップかファインアロマホップ（22ページ参照）を使おう。料理への利用としては、熱をかけないか、あるいは、ほんの少しだけ熱を加える調理が基本となる。だとすると、生、漬込み、あるいは、短時間の加熱の料理ということになろう。

以下に、毬花の料理への使用例を紹介しよう。

生のホップをトッピング

生の毬花の場合、サラダで直に食べるというわけにもいかないので、他の料理へのトッピングが主となる。

ホップの毬花をザルに入れて軽く水洗いして、水をよく切る。その後、毬花を苞葉（23ページ参照）1～3枚程度までバラバラにし、それをいろいろな料理にトッピングして食べる（写真4—6、ファッグル種）。

筆者は、これをさまざまなものにトッピングして食してみたが、その中では、ピザにトッピングしたものがよかった。トマトソースととろけたチーズに合うのかもしれない。しかし、これをパーティーのメインにするというわけにもいかない。飲み終わった後の食事

写真4—5
ホップの蕾（クリスタル種）

写真4—6
トッピング用に苞葉をばらしたホップ（ファッグル種）

のときにでもどうぞ、といったところか。

ホップの漬込み

生の毬花をザルに入れて軽く水洗いして、水をよく切り、そのまま日陰干しをする。干すときに温度をかけてしまうと、せっかくの香りが飛んでしまうので、温度はかけない。すっかり乾燥した毬花を、塩100に対して乾燥ホップ1の塩漬けにしてみよう（写真4―7）。爽やかなホップの香りのする塩のでき上がりである。この塩をパーティーのテーブルに置いて使おう。

また、オリーブオイル100に対して乾燥ホップ1のオリーブオイル漬けも面白い（写真4―8）。数日間漬け込んだ後、このオリーブオイルをさまざまな料理に使おう。お勧めは、アヒージョである。

アヒージョとは、魚介などのオリーブオイル煮で、ピルスナーやヴァイツェンはもとより、IPAスタイルのビールにもよく合う。つくり方もいたって簡単。例えば、二人前分のタコとキノコのアヒージョであれば、まず、フライパンにホップを漬け込んだオリーブオイルを深さ1㎝まで入れ（ただし、漬け込んだホップは混ぜないこと）、そこにスライスしたニンニク、たかの爪、それに、ホップ漬けにした塩を少々入れる。さらに、ぶつ切りのゆでダコ（100g）とマッシュルームかエリンギ（70g）を入れて、一分半程度オイルで煮る。トッピング用のホップの苞葉をほんの少し散らしてでき上がりである。

そのほかにも、ホップを漬けた塩やオリーブオイルは、さまざまな料理に使える。普段とは異なる風味が楽しめる。

ホップを使った料理の本命

天ぷらは、衣の中の具材にさほど熱がかからない料理である。だから、毬花の天ぷらは結構いける。それでも、後から苦味はくる。ただ、天ぷらだとなんとなくビアパーティーの料理ではないような気もする。そこで、お勧めなのが、西洋天ぷら、つまり、フリッターである。毬花のフリッターそのものでもよいが、衣に苞葉を加えたフリッターが美味しい。

フリッターの衣をつくるとき、揚げた後に衣が膨らむように、衣にビールを混ぜることがしばしばある。ネットでフリッターを検索すると、「ビールの香りを揚げた後のフリッターに残したいのだけれど」などの質問が散見される。でも、普通それは無理なこと。しかし、自家製の新鮮なホップがあれば、それも可能である。前にも述べたが、衣に苞葉を少々加えればよいだけである。

衣はいたって簡単。ボールに小麦粉120g、卵2分の1、のどごし重視のビールを100㎖、これに、ホップ漬け塩少々、そして、トッピングで紹介した、ホップの苞葉を2g程度。これらをボールに入れて泡だて器で混ぜれば、衣のでき上がりである。

具材は肉よし、野菜よし、さらには、バナナなどフルーツよしである、具材に衣をつけて、160℃程度に熱した油で揚げれば、ホップ風味のフリッターの完

写真4－7
ホップの毬花の塩漬け（カイコガネ種）

写真4－8
ホップの毬花のオリーブオイル漬け（ファッグル種）

写真4－9
牛肉にホップのフリッター衣をつけているところ

成である。写真4―9は、牛肉にこの衣をつけているところである。

揚げるのは、フライパンでもよいが、パーティー中に、オイルフォンデュをするのも面白い。

さあ、ビアパーティーだ！　準備も万端。あとは手づくりビールを味わうだけである。ホップのグリーンカーテンのもと、屋外でのビアパーティーは最高だ。

コラム 04

グルートエールのテイスト

中世のグルートビールとはどんなテイストであったのだろうか？　本文でも触れたグルートでは、ヤチヤナギが多用されていたと言われている。細かなことはさておき、ヤチヤナギがあればホームブルーで簡単にグルートを醸すことができる。

ヤチヤナギの雌木の葉と実（毬花）を得る機会があり、自家製グルートを上面発酵（エール）酵母で醸してみたことがある。

レシピは次の通り。

水（4ℓ）／ペール麦芽（800g）／ヤチヤナギ毬花と葉（フレッシュ15g　煮沸15分）／ヤロウの葉（フレッシュ10g　煮沸45分）／エールイースト（3g）

ホップがないせいか、発酵中にクラウゼンが出ず、さらに固形物は浮遊したままでまったく沈降しない。できたグルートエールをグラスに注ぐと他にたとえがたいヤチヤナギの香りが少しばかりたち、通常のビールとはやはり大きく異なる。泡立ちはするが、瞬く間に泡はなくなりシャンパンのようである。口に含むとヤロウからの苦味感は少なく、ザワークラウトを想起させる酸味を感じる。中世には冷蔵庫はないので、逆にレンジで温めホットにしてみる。すると酸味よりもヤロウ由来の苦味が主張をはじめる。いずれにしても、普段飲み慣れている現代ビールからはかけ離れたエクストリームビア（ビール）であった。

●著者略歴●

笠倉　暁夫

（かさくら　あけお）

1963年、愛知県生まれ。
慶應義塾大学理工学部化学科卒業、
東京工業大学大学院原子核工学専攻修士課程修了後、
メーカーに入社。以来、主として開発に従事。
2002年から自宅でホップを栽培する。
日本ビール文化研究会（サッポロビール設立）が
主催する日本ビール検定の初代1級合格者（2013年）。

手づくりビール読本

初心者から本格派・ガーデニング派まで

2015年 12月15日　第1刷発行
2024年　5月　5日　第5刷発行

著者　笠倉　暁夫

発行所　一般社団法人　農山漁村文化協会
〒335-0022 埼玉県戸田市上戸田2-2-2
電話　048(233)9351（営業）　048(233)9355（編集）
FAX　048(299)2812　振替　00120-3-144478
URL　https://www.ruralnet.or.jp/

ISBN978-4-540-15160-6　DTP製作／㈱農文協プロダクション
〈検印廃止〉　印刷・製本／TOPPAN㈱

定価はカバーに表示
乱丁・落丁本はお取り替えいたします。